もくじ

学校図書版　理科２年

学習計画 学習予定日 5/10 5/11

2-1 化学変化と原子・分子

第1章　物質のなりたちと化学変化(1)

テストに出る！ ココが要点　解答 p.1

① 物質そのものの変化　教 p.16～p.21

1 酸化

(1) 鉄の加熱による変化
鉄を燃やすと，性質の異なる別の物質になった。質量が燃やす前の鉄より増えたのは，空気中の酸素が結びついたと考えられる。

図1 ●鉄の加熱●

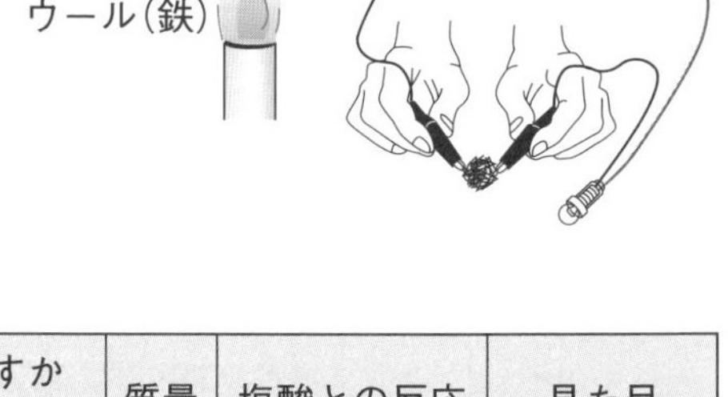

	電流を通すかどうか	質量	塩酸との反応	見た目
燃やす前のスチールウール	流れた。	10g	気体が発生した。	光沢あり。
燃やしたあとの物質	㋐	13g	㋑	黒色。

(2) (①　　　　) もとの物質とは別の種類の物質ができる変化。

(3) (②　　　　) 物質が酸素と結びつくこと。この変化でできた物質を(③　　　　)という。

(4) (④　　　　) 激しく熱や光を出しながら酸化すること。

物質 ＋ 酸素 ⟶(酸化) 酸化物

② 原子と物質の結びつき　教 p.22～p.29

1 原子・元素と周期表

(1) (⑤　　　　) 物質のそれ以上は分割できない小さな粒子。すべての物質は原子からできている。

- それ以上は分割できない。
- 種類によって大きさと質量が決まっている。
- ほかの原子に変わったり，なくなったり，新しくできたりしない。

満点★ミッション

①化学変化
物質そのものが変化して異なる物質になること。化学反応ともいう。

②酸化
物質が酸素と結びつく化学変化。

③酸化物
物質が酸素と結びついてできたもの。

④燃焼
激しく熱や光を出しながらおこる酸化。

ポイント
どの物質も，酸化すると結びついた酸素の質量の分だけ質量が増える。

⑤原子
物質のそれ以上分割できない小さな粒子。100種類以上ある。

ココが要点の答えになります。

(2) 元素　原子の種類。

(3) (⑥　　　　) 元素を表す記号。世界で共通である。

水素	酸素	炭素	硫黄(いおう)	鉄	ナトリウム
H	㋒	㋓	S	㋔	Na

(4) (⑦　　　　) 元素を原子番号をもとに整理した表。性質の似た元素が縦にならんでいる。原子には，原子番号がつけられており，原子1個の質量は，おおよそ原子番号の順に大きくなっていく。

2 金属と硫黄の結びつき

(1) 鉄と硫黄の反応　鉄と硫黄を加熱すると，結びついて(⑧　　　　)ができる。この反応は，光や熱を出す激しい反応で，一度変化が起こると，加熱しなくても反応は進んでいく。

図2 ●鉄と硫黄の反応●

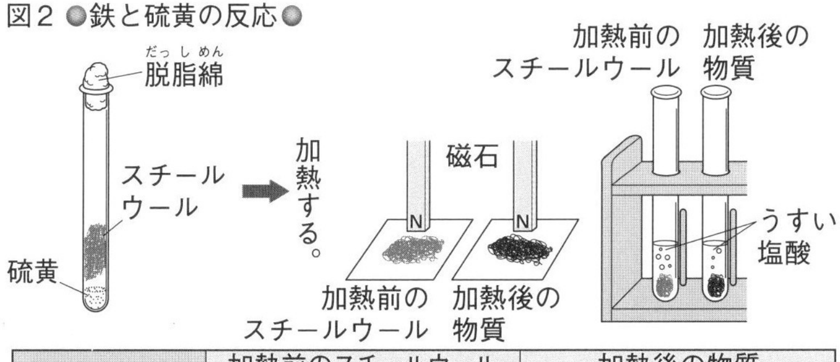

	加熱前のスチールウール	加熱後の物質
磁石へのつき方	㋕	つかなかった。
塩酸と反応して発生する気体	㋖ (無臭(むしゅう))	㋗ (卵のくさったようなにおい)

(2) 硫化(りゅうか)　物質が硫黄と結びつく化学変化。銅線と硫黄をいっしょに加熱すると，結びついて(⑨　　　　)ができる。

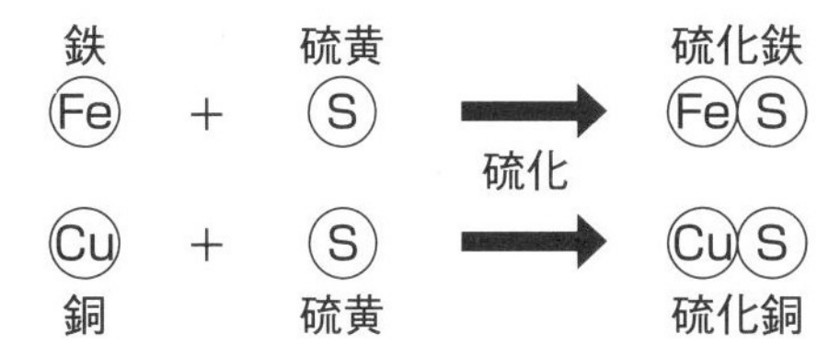

3 単体(たんたい)と化合物(かごうぶつ)

(1) (⑩　　　　) 1種類の原子からできている物質。鉄(Fe)，銅(Cu)は単体。

(2) (⑪　　　　) 2種類以上の原子が結びついてできている物質。硫化鉄(FeS)，硫化銅(CuS)は化合物。

満点ミッション

⑥元素記号
アルファベットで表す。

⑦周期表
元素を原子番号の順にならべた表。原子の質量や性質をもとに整理されている。

⑧硫化鉄(りゅうかてつ)
鉄と硫黄が結びついた物質。

⑨硫化銅(りゅうかどう)
銅と硫黄が結びついた物質。

ポイント
加熱前と加熱後で，物質の性質が異なることから，別の物質に変化したことが分かる。

⑩単体
1種類の原子でできた物質。

⑪化合物
2種類以上の原子からできている物質。

解答 p.1

テストに出る！

予想問題 第１章　物質のなりたちと化学変化(1)

30分 /100点

1 実験１，２のようにスチールウール(鉄)を燃やして，その変化について調べると，表のような結果になった。これについて，あとの問いに答えなさい。 4点×6〔24点〕

加熱前後の物質の質量をはかる。　よく燃やす。　加熱前後の物質の性質を調べる。

	質量	見た目	電流を通すかどうか	塩酸との反応
燃やす前	9g	光沢あり	流れた	気体が発生
燃やしたあと	11.7g	黒い	流れなかった	変化なし

記述 (1) 実験１で，燃やす前と燃やしたあとで物質の質量が変化したのはなぜか。その理由を書きなさい。
(　　　　　　　　　　　　　　　　　　　　)

(2) 実験２で，燃やす前のスチールウールに塩酸を加えたときに発生した気体は何か。
(　　　　　)

(3) 実験結果より，燃やす前と燃やしたあとでは物質の性質が異なった。このように物質が変化して別の物質ができる変化を何というか。 (　　　　　)

(4) この実験について，次の文の(　)にあてはまる言葉を書きなさい。
①(　　　　　)　②(　　　　　)　③(　　　　　)

> 物質が酸素と結びついて別の物質に変化することを(①)といい，できた物質を(②)という。実験２でスチールウールを燃やしたとき，激しく光や熱を出す様子が見られた。このような(①)を特に(③)という。

2 原子について，次の問いに答えなさい。 3点×7〔21点〕

(1) 次の①～③の元素記号で表される元素の名称を書きなさい。
①O(　　　　　)　②C(　　　　　)　③Cu(　　　　　)

(2) 次の①～③の元素を元素記号で書きなさい。
①水素(　　　　　)　②ナトリウム(　　　　　)　③硫黄(　　　　　)

(3) 元素を原子番号の順にならべて整理した表を何というか。 (　　　　　)

3 原子について，次の問いに答えなさい。 5点×3〔15点〕

(1) 原子について，次のア～オから正しいものをすべて選びなさい。 (　　　)

ア 原子とは，それ以上分割できない，小さな粒子のことである。

イ 原子は種類によって質量や大きさが決まっている。

ウ 化学変化によって，原子がほかの種類の原子に変わることがある。

エ 化学変化によって，原子がなくなったり，新しくできたりする。

オ 原子につけられている番号を原子番号という。

(2) 1種類の原子からできている物質を何というか。 (　　　)

(3) 2種類以上の原子からできている物質を何というか。 (　　　)

よく出る **4** 試験管に硫黄の粉末を入れ，その上にスチールウール(鉄)を入れたものを2本用意し，A，Bとする。試験管Aは，図のように加熱し，試験管Bはそのままにしておいた。これについて，あとの問いに答えなさい。 5点×8〔40点〕

記述 (1) 試験管Aを加熱し，赤くなったところで加熱をやめた。このあとどのようになるか。
(　　　)

(2) 熱したあとの試験管Aにできている物質は何か。
(　　　)

(3) 試験管Bのスチールウールは磁石についた。(2)の物質は磁石につくか。
(　　　)

(4) (2)の物質にうすい塩酸を加えたときに発生する気体は何か。 (　　　)

(5) 試験管Bのスチールウールにうすい塩酸を加えたときに発生する気体は何か。
(　　　)

記述 (6) (4)，(5)で発生した気体を区別するために，においを比べた。このとき，気を付けることは何か。簡単に書きなさい。
(　　　)

(7) 発生した気体のうち，においのあった気体は，(4)，(5)のどちらか。気体の名称を書きなさい。 (　　　)

(8) (2)の物質は，単体と化合物のどちらか。 (　　　)

教科書 p.30〜p.41

2-1 化学変化と原子・分子

第１章　物質のなりたちと化学変化(2)

①分子
いくつかの原子が結びついて１つの単位になっている粒子。
②化学式
元素記号で表した物質の記号。

ミス注意！
化学式の右下の数字は原子の数を表す。１個のときは数字をかかない。

テストに出る！ ココが要点　解答 p.2

① 分子と化学式・物質の分類　教 p.30〜p.32

1 分子

(1) (①　　　　) いくつかの原子が結びついた粒子。

2 化学式

(1) (②　　　　) 物質を元素記号で表したもの。

●分子からできている単体の化学式

例水素　ⒽⒽ ⟶ HH ⟶ H_2，酸素(O_2)，窒素(N_2)

●分子からできている化合物の化学式

例水　ⒽⓄⒽ ⟶ HOH ⟶ H_2O

二酸化炭素(CO_2)，アンモニア(NH_3)

●分子のまとまりがない単体の化学式

例鉄　FeFeFeFe ⟶ Fe ⟶ Fe

銅(Cu)，炭素(C)

●分子のまとまりがない化合物の化学式

例塩化ナトリウム　ClNa NaCl ⟶ NaCl ⟶ NaCl

酸化銅(CuO)

3 物質の分類

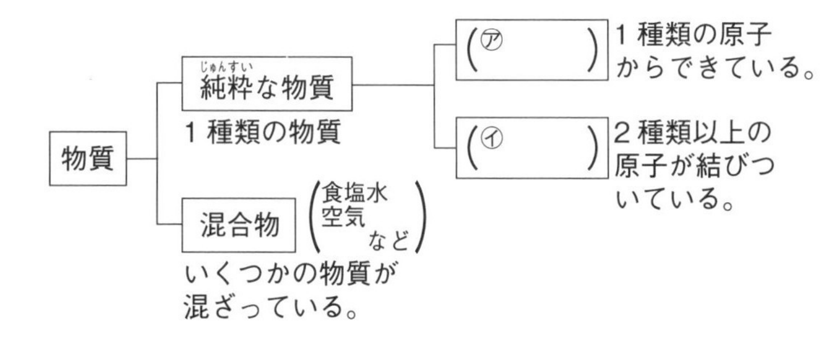

③分解
１種類の物質からいくつかの別の物質ができる化学変化。
④電気分解
電流による分解。

② 物質の分解　教 p.33〜p.41

1 水の電気分解

(1) (③　　　　) １種類の物質から何種類かの別の物質ができる化学変化。

(2) (④　　　　) 電流によって物質を分解すること。

(3) 水の電気分解　水 ⟶ 水素 と 酸素

H_2O　　H_2　　O_2

図1

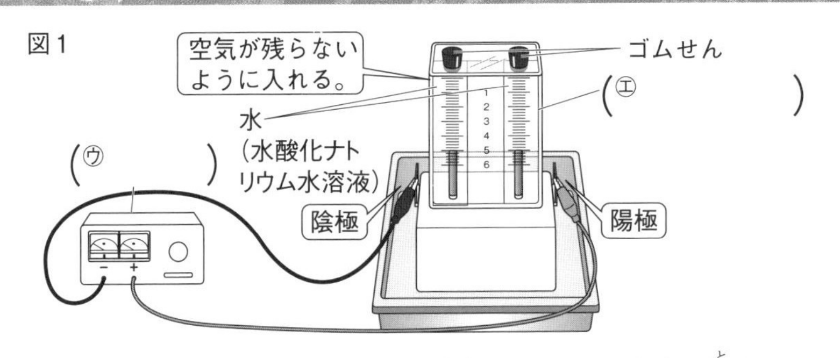

- 電流を流れやすくするため，水酸化ナトリウムを少し溶かす。
- 陰極側…(⑤)が発生。マッチの炎を近づけると，音を立てて爆発的に燃える。
- 陽極側…(⑥)が発生。火のついた線香を入れると，線香が炎を上げて激しく燃える。
- 発生する水素と酸素の体積の比…水素：酸素＝2：1
- 水は電気を流すことで，水素と酸素に分けられる。

2 炭酸水素ナトリウムの分解

(1) (⑦) 加熱によって物質を分解すること。

(2) 炭酸水素ナトリウムの熱分解

炭酸水素ナトリウム ⟶ 炭酸ナトリウムと二酸化炭素と水

$NaHCO_3$ Na_2CO_3 CO_2 H_2O

- 炭酸水素ナトリウム…白色の固体。水に少し溶ける。水溶液は弱いアルカリ性。フェノールフタレイン溶液を加えると，うすい赤色になる。
- 炭酸ナトリウム…白色の固体。水によく溶ける。水溶液は強いアルカリ性。フェノールフタレイン溶液を加えると，赤色になる。
- (⑧)…石灰水を白くにごらせる。
- (⑨)…青色の塩化コバルト紙を赤色(桃色)に変える。
- 炭酸水素ナトリウムを熱すると，炭酸ナトリウム，二酸化炭素，水の3種類の物質に分解される。

図2 ●炭酸水素ナトリウムの分解●

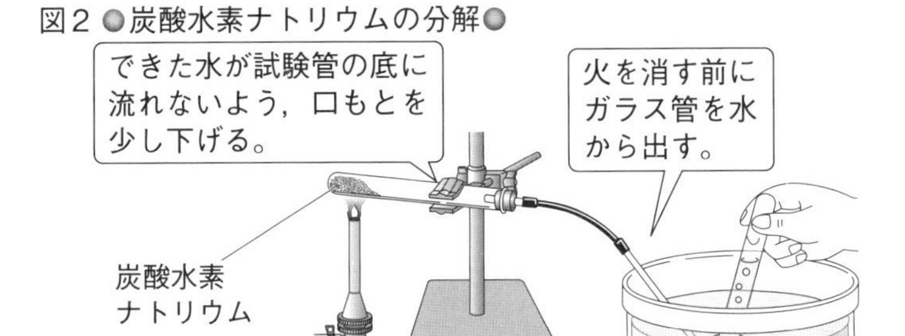

満点★ミッション

⑤水素
水を電気分解したとき，陰極側に発生する気体。

⑥酸素
水を電気分解したとき，陽極側に発生する気体。

ミス注意！
陰極は，電源装置の－極につないだ電極。
陽極は，電源装置の＋極につないだ電極。

⑦熱分解
熱を加えたときに起こる分解。

⑧二酸化炭素
炭酸水素ナトリウムを熱分解したときに発生する気体。

⑨水
炭酸水素ナトリウムを熱分解したときに発生する液体。

ポイント
炭酸ナトリウムは，炭酸水素ナトリウムと見た目が似ているが，性質の異なる別の物質である。

テストに出る！

予想問題　第１章　物質のなりたちと化学変化(2)

30分　/100点

1 分子について，次の問いに答えなさい。　3点×10〔30点〕

(1) 次の①〜③の化学式で表される物質の名称を書きなさい。

①H_2（　　　）　②NH_3（　　　）　③CuO（　　　）

(2) 次の①〜③の物質を化学式で表しなさい。

①酸素（　　　）　②鉄（　　　）　③塩化ナトリウム（　　　）

(3) 次のア〜コをそれぞれ単体，化合物，混合物に分類しなさい。

①単体（　　　）　②化合物（　　　）　③混合物（　　　）

ア　塩化ナトリウム　イ　アンモニア　ウ　砂糖水　エ　酸素　オ　塩化銅(えんかどう)

カ　水素　キ　空気　ク　銅　ケ　窒素　コ　水

(4) 分子について，次のア〜オから正しいものをすべて選びなさい。（　　　）

ア　窒素分子は，窒素原子が２個結びついてできている。

イ　二酸化炭素分子は，酸素原子１個と水素原子２個が結びついてできている。

ウ　塩化ナトリウムは，ナトリウム原子１個と塩素原子１個が結びついて分子をつくっている。

エ　H_2Oは，水素原子が２個，酸素原子が１個結びついていることを表している。

オ　銅は分子のまとまりがなく，Cuと表す。

よく出る **2** 右の図のような装置で，水に電流を流したときの変化のようすを調べた。次の問いに答えなさい。　3点×9〔27点〕

水（水酸化ナトリウム水溶液で満たす。）　ゴムせん　電極　A　㋐　㋑

(1) 電流を流すために使った装置Aを何というか。（　　　）

記述 (2) この実験で，純粋な水ではなく水酸化ナトリウム水溶液を使うのはなぜか。

（　　　）

(3) 陰極は㋐，㋑のどちらか。（　　）

記述 (4) 陰極にたまった気体にマッチの炎を近づけると，どうなるか。

（　　　）

(5) (4)から，この気体は何か。（　　　）

記述 (6) 陽極にたまった気体に線香の火を近づけると，どうなるか。

（　　　）

(7) (6)から，この気体は何か。（　　　）

(8) たまった気体の体積比はどのようになるか。　陰極側：陽極側＝（　　　）

(9) このように，１種類の物質から何種類かの別の物質ができる化学変化を何というか。

（　　　）

よく出る **3** 右の図のように，炭酸水素ナトリウムを試験管Aに入れて熱した。これについて，次の問いに答えなさい。　3点×11〔33点〕

炭酸水素ナトリウム
試験管A
試験管B
水そう
液体
ガラス管
水

記述 (1)　試験管Aを熱するとき，試験管の口もとを少し下げるのはなぜか。
(　　　　　　　　　　　　)

(2)　加熱をやめるとき，火を消す前に水の中からガラス管を出しておいた。この理由を次のア～ウから選びなさい。(　　)

ア　出てきた液体が水そうに流れこむのを防ぐため。
イ　発生した気体が試験管Aに逆流し，試験管Aが割れるのを防ぐため。
ウ　水そうの水が試験管Aに逆流し，試験管Aが割れるのを防ぐため。

(3)　図のように，気体を集める方法を何というか。(　　　　)

(4)　試験管Bにたまった気体に石灰水を入れてふると，石灰水はどのようになるか。
(　　　　　　　　)

(5)　試験管Bにたまった気体の性質について，次のア～エから正しいものを選びなさい。
(　　)

ア　マッチの炎を近づけるとポンと音を立てて燃えた。
イ　においがあった。
ウ　黄色の気体であった。
エ　線香の火を入れると，火が消えた。

(6)　試験管Aの口もとについた液体に青色の塩化コバルト紙をつけると，何色に変化するか。
(　　　　)

(7)　炭酸水素ナトリウムと，加熱後試験管Aに残った物質をそれぞれ水に溶かした。水によく溶けるのはどちらか。次のア～ウから選びなさい。(　　)

ア　炭酸水素ナトリウム　　**イ**　試験管Aに残った物質
ウ　どちらもほぼ同じである。

(8)　(7)でできた水溶液に，フェノールフタレイン溶液を加えたとき，より濃(こ)い赤色に変化するのはどちらか。(7)のア～ウから選びなさい。(　　)

(9)　炭酸水素ナトリウムを熱すると，何という物質に分解されるか。3つ答えなさい。
(　　　　　)(　　　　　)(　　　　　)

4 物質の分解について，次の問いに答えなさい。　5点×2〔10点〕

(1)　水に電流を流すと，別の物質に分解される。このように電流によって物質を分解する化学変化を何というか。(　　　　)

(2)　炭酸水素ナトリウムを加熱すると，別の物質に分解される。このように加熱によって物質を分解する化学変化を何というか。(　　　　)

2-1 化学変化と原子・分子

第2章　化学変化と物質の質量(1)

①硫酸バリウム
硫酸ナトリウム水溶液と塩化バリウム水溶液を反応させたときにできる白い沈殿。

②二酸化炭素
塩酸と石灰石(炭酸カルシウム)を反応させたときに発生する気体。

③質量保存の法則
化学変化の前とあとで質量が変わらないという法則。化学変化だけでなく，物質のすべての変化になりたつ。

④化学反応式
化学変化を化学式で表した式。

⑤H_2O
水の化学式。

⑥H_2
水素の化学式。

⑦O_2
酸素の化学式。

ポイント
$2H_2O$の2は，水分子(H_2O)が2個あることを表す。

テストに出る！ **ココが要点** 解答 p.3

① 質量保存の法則と化学反応式

教 p.42～p.48

1 化学変化の前後における物質の質量

(1) 沈殿(ちんでん)ができる化学変化　硫酸(りゅうさん)ナトリウム水溶液(すいようえき)と塩化バリウム水溶液の反応では（①　　　　）という白い沈殿ができるが，化学変化の前後で容器全体の質量は変わらない。

図1 ●沈殿ができる化学変化●

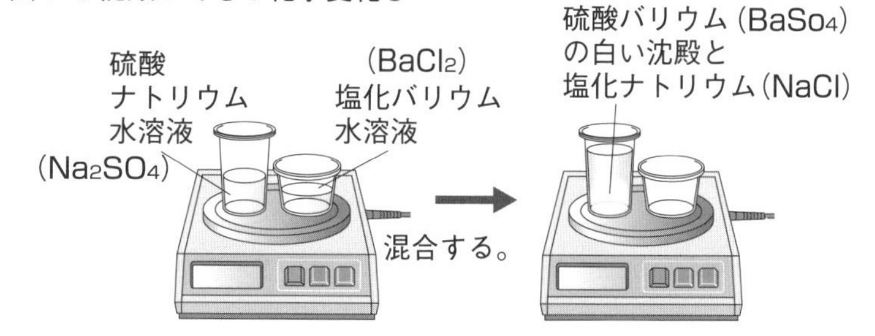

(2) 気体が発生する化学変化　塩酸と石灰石(炭酸カルシウム)の反応では，気体の（②　　　　）が発生する。密閉した容器の中で反応すると，化学変化の前後で全体の質量は変わらない。容器のふたをゆるめると，二酸化炭素がにげて，全体の質量が減る。

2 質量保存の法則

(1) （③　　　　）　化学変化の前後で，物質全体の質量は変わらないという法則。化学変化の前後で，物質をつくる原子の組み合わせは変わるが，原子の種類と数は変わらない。

3 化学反応式(かがくはんのうしき)

(1) （④　　　　）　化学式を使って化学変化のようすを表した式。

(2) 水の分解の化学反応式

❶ それぞれの物質を原子カードで表す。

HOH ⟶ HH + OO

❷ 左側の酸素原子が1個たりないので，水分子を1個増やす。

HOH　HOH ⟶ HH + OO

❸ 右側の水素原子が2個たりないので，水素分子を1個増やす。

HOH　HOH ⟶ HH　HH + OO

❹ 化学式を使って表す。

2（⑤　　　　）⟶ 2（⑥　　　　）＋（⑦　　　　）

ココが要点の答えになります。

② 金属と結びつく酸素の質量

教 p.49～p.53

満点ミッション

1 金属と結びつく酸素の質量

(1) 金属を加熱したときの質量

●1.2gの銅の粉末をくり返し加熱する。

回数	1	2	3	4	5
質量	1.3g	1.4g	1.5g	1.5g	1.5g

●1.2gのマグネシウムの粉末をくり返し加熱する。

回数	1	2	3	4	5
質量	1.6g	1.9g	2.0g	2.0g	2.0g

一定量の金属と結びつく酸素の質量には限度がある。

(2) 金属の質量と酸化物の質量

●銅を加熱したとき

銅の質量	0.20g	0.40g	0.60g	0.80g
酸化銅の質量	0.25g	0.50g	0.75g	1.00g
結びついた酸素の質量	0.05g	0.10g	0.15g	0.20g

化学反応式：2(⑧　　) ＋ O_2 ⟶ 2(⑨　　)

●マグネシウムを加熱したとき

マグネシウムの質量	0.20g	0.40g	0.60g	0.80g
酸化マグネシウムの質量	0.33g	0.67g	1.00g	1.33g
結びついた酸素の質量	0.13g	0.27g	0.40g	0.53g

化学反応式：2(⑩　　) ＋ O_2 ⟶ 2(⑪　　)

図2

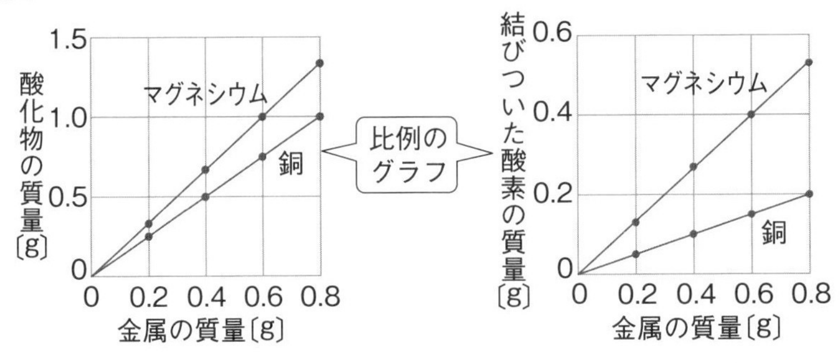

(3) 金属と酸素が結びつくとき，それぞれの質量の比は一定である。

●酸化銅…銅：酸素＝(⑫　　)

●酸化マグネシウム…マグネシウム：酸素＝3：2

(4) 2種類の物質の結びつき方　2つの物質が結びついて化合物ができるとき，それぞれの原子どうしは決まった割合で結びつく。

ポイント

銅は加熱すると黒い酸化銅になる。

⑧Cu
銅の化学式。

⑨CuO
酸化銅の化学式。

⑩Mg
マグネシウムの化学式。

⑪MgO
酸化マグネシウムの化学式。

⑫4：1
酸化銅ができるときの，銅と酸素の質量の比。

ミス注意！

反応する2つの物質のうち，一方の物質に過不足があるときは，多い方の物質が化学変化をしないで残る。

解答 p.3

テストに出る！

予想問題　第２章　化学変化と物質の質量(1)

⏱30分　/100点

よく出る **1** 右の図のように，うすい塩酸を入れたペットボトルと石灰石の全体の質量をはかった。石灰石をペットボトルの中に入れたらすぐにふたをしめて反応させ，再び全体の質量をはかったところ，反応前と同じだった。これについて，次の問いに答えなさい。　4点×6〔24点〕

(1) 化学変化の前後で，全体の質量に変化がなかったのはなぜか。次の(　)にあてはまる言葉を答えなさい。

①(　　　　　)
②(　　　　　)

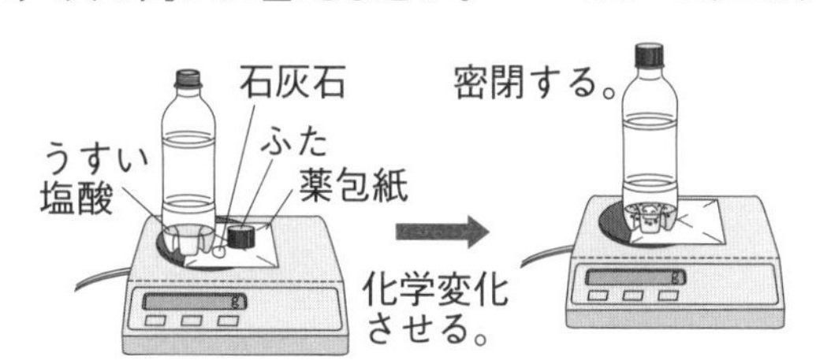

> 化学変化の前後で，物質をつくる原子の(　①　)は変化したが，原子の種類や(　②　)は変化しなかったため。

(2) 反応の前後で，全体の質量が変化しない法則を何というか。(　　　　　)

(3) この実験では，気体が発生した。この気体を化学式で表しなさい。(　　　　　)

(4) この実験のあと，ペットボトルのふたをゆるめてから再び全体の質量をはかった。質量はどのようになるか。次のア～ウから選びなさい。(　　)

ア　ふたをゆるめる前よりも増える。

イ　ふたをゆるめる前よりも減る。

ウ　ふたをゆるめる前と変わらない。

記述 (5) (4)のようになるのはなぜか。

(　　　　　　　　　　　　　　　　　　　　　　　　　)

2 いろいろな化学変化の表し方について，次の問いに答えなさい。　4点×4〔16点〕

(1) ◎を酸素原子，○を水素原子として，水に電流を流して，水素と酸素に分解されるようすをモデルで表したい。この化学変化を正しく表しているものを，次のア～ウから選びなさい。(　　)

ア　○◎○ ⟶ ○○ ＋ ◎

イ　○◎○　○◎○ ⟶ ○○ ＋ ◎◎

ウ　○◎○　○◎○ ⟶ ○○　○○ ＋ ◎◎

(2) (1)を参考にして，水の電気分解を，化学式を使って式に表しなさい。

(　　　　　　　　　　　)

(3) (2)のように，化学変化のようすを化学式で表した式を何というか。(　　　　　)

(4) マグネシウムを加熱して，酸化マグネシウム(MgO)ができる変化を，化学式を使って式に表しなさい。(　　　　　　　　　　　)

3 ステンレスの皿を使って，0.6g，1.2g，1.8gのマグネシウムの粉末を十分に加熱し，マグネシウムと酸素を反応させた。右の表は，そのときのマグネシウムの質量と酸化物の質量を示したものである。これについて，次の問いに答えなさい。　4点×6〔24点〕

マグネシウムの質量〔g〕	0.6	1.2	1.8
酸化物の質量〔g〕	1.0	2.0	3.0

(1)　0.6gのマグネシウムに結びついた酸素の質量は何gか。　(　　　　)

作図 (2)　表の実験結果をもとにして，マグネシウムの質量と，結びついた酸素の質量との関係を，右のグラフに表しなさい。

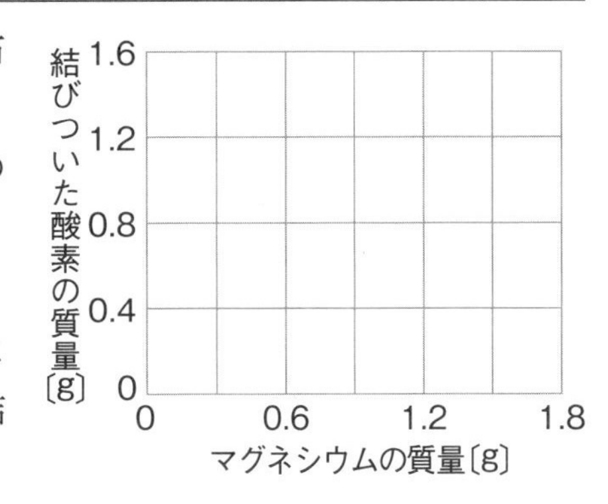

(3)　マグネシウムと酸素が結びつくとき，その質量の比はどのようになるか。

マグネシウム：酸素＝(　　　　)

(4)　1.5gのマグネシウムの粉末をしばらく加熱したところ，2.3gになった。このとき，マグネシウムに結びついた酸素の質量は何gか。

(　　　　)

(5)　(4)のとき，酸素と結びついたマグネシウムの質量は何gか。　(　　　　)

(6)　(4)のとき，酸素と結びつかずに残っているマグネシウムの質量は何gか。

(　　　　)

よく出る **4** 銅の粉末を加熱し，加熱前の銅の質量と，酸素と反応してできた物質の質量の関係をグラフに表した。これについて，次の問いに答えなさい。　4点×9〔36点〕

(1)　銅と酸素が反応してできた物質の名称を書きなさい。　(　　　　)

(2)　(1)の物質を化学式で表しなさい。

(　　　　)

(3)　一定量の銅と結びつく酸素の量に，限度はあるか。

(　　　　)

(4)　銅と酸素が結びつくとき，その質量の比はどのようになるか。　銅：酸素＝(　　　　)

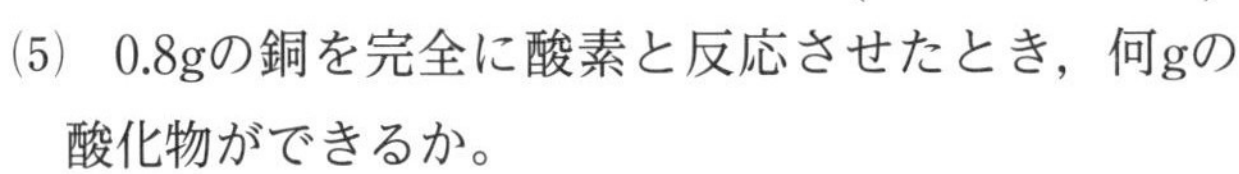

(5)　0.8gの銅を完全に酸素と反応させたとき，何gの酸化物ができるか。

(　　　　)

(6)　(5)のとき，銅と結びついた酸素は何gか。　(　　　　)

(7)　銅の酸化を化学反応式で表しなさい。　(　　　　　　　　)

(8)　銅原子が6個あるとき，ちょうど結びつく酸素分子の数は何個か。　(　　　　)

(9)　銅原子8個を酸素分子8個と反応させたとき，結びつかずに残るのは何か。次のア～ウから選びなさい。　(　　)

ア　銅原子が残る。　イ　酸素分子が残る。　ウ　銅原子と酸素分子の両方が残る。

2-1 化学変化と原子・分子

第２章　化学変化と物質の質量(2)
第３章　化学変化の利用

テストに出る！ ココが要点 解答 p.4

① 化学変化と化学反応式

教 p.54～p.57

1 さまざまな化学反応式

(1)　炭素の燃焼　炭素 ＋ 酸素 ⟶ (①　　　　)

化学反応式：$C + O_2 \longrightarrow CO_2$

(2)　水素の燃焼　水素 ＋ 酸素 ⟶ 水

水素と酸素を２：１の体積の比で混合した気体に点火すると，爆(ばく)発音(はつおん)がして，(②　　　　)ができる。

化学反応式：$2H_2 + O_2 \longrightarrow 2H_2O$

図１ ●水素の燃焼●

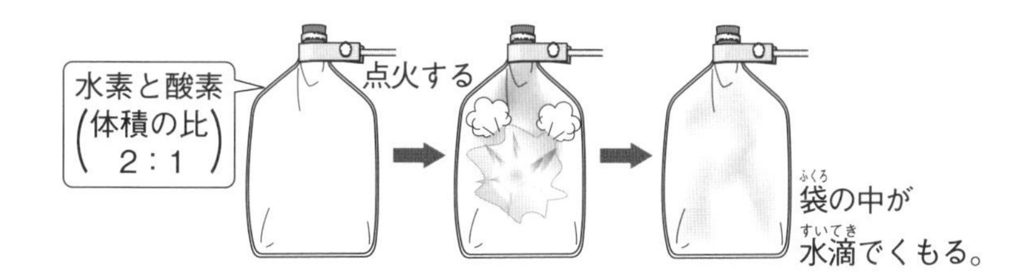

(3)　塩化銅(えんかどう)の電気分解　塩化銅 ⟶ 銅 ＋ 塩素

●陰極側…赤色の(③　　　　)が付着。

●陽極側…気体の(④　　　　)が発生。

化学反応式：$CuCl_2 \longrightarrow Cu + Cl_2$

(4)　酸化銀の熱分解　酸化銀(黒色) ⟶ 銀(白色) ＋ 酸素

●(⑤　　　　)…こすると光る。

●(⑥　　　　)…火のついた線香を入れると，炎を上げて燃える。

化学反応式：$2Ag_2O \longrightarrow 4Ag + O_2$

② 酸素と化学変化

教 p.58～p.65

1 自然界の酸化物

(1)　製錬(せいれん)　鉱石にふくまれる金属の酸化物から，化学変化を利用して(⑦　　　　)を取り除き，金属を単体として取り出すこと。

●鉄鉱石(てっこうせき)…鉄が**酸化鉄**としてふくまれている。

●銅鉱石(どうこうせき)…銅が**酸化銅**としてふくまれている。

満点ミッション

①二酸化炭素
炭素が酸化してできた物質(CO_2)。

②水
水素が酸化してできた物質(H_2O)。

③銅
塩化銅の電気分解で陰極側に付着する赤色の金属(Cu)。

④塩素
塩化銅の電気分解で陽極側に発生する刺(し)激臭(げきしゅう)のある気体(Cl_2)。

⑤銀
酸化銀を加熱して分解すると出てくる金属(Ag)。

⑥酸素
酸化銀を加熱して分解すると出てくる気体(O_2)。

ミス注意！
化学反応式では，式の左右で原子の数を合わせる。

⑦酸素
いろいろな物質と結びついて酸化物をつくる物質。

ココが要点の答えになります。

2 還元（かんげん）

(1) (⑧　　　　　) 酸化物から酸素を取り除く化学変化。還元が起こるときは，必ず同時に**酸化**も起こる。

(2) 炭素による酸化銅の還元

図2

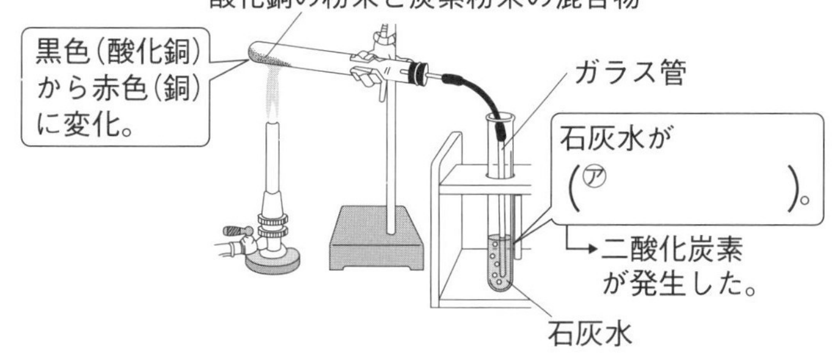

- **酸化銅**…炭素によって還元され，銅になる。
- **炭素**…酸化銅の酸素によって酸化し，二酸化炭素になる。

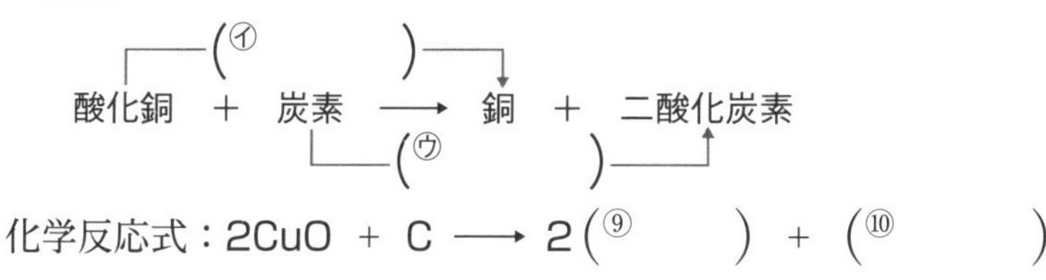

化学反応式：$2CuO + C \longrightarrow 2$(⑨　　　) ＋ (⑩　　　)

⑧**還元**
酸化物から酸素を取り除く化学変化。

⑨**Cu**
銅の化学式。

⑩**CO_2**
二酸化炭素の化学式。

ポイント
炭素が，銅よりも酸素と結びつきやすい。

3 化学変化と熱

教 p.66〜p.69

1 有機物の燃焼

(1) 有機物の燃焼　有機物を燃焼させると，有機物にふくまれる炭素(C)と水素(H)が，酸素(O_2)と結びついて，**二酸化炭素(CO_2)**と**水(H_2O)**ができる。このとき，**熱**や**光**が出る。

例 メタンの燃焼　$CH_4 + 2O_2 \longrightarrow CO_2 + 2H_2O$
　　　　　⇩
　　　　熱・光

(2) 化学変化と熱　化学変化には，熱の出入りがともなう。

- (⑪　　　　　)…外部に**熱を放出**する化学変化。温度が上がる。
- (⑫　　　　　)…外部から**熱を吸収（きゅうしゅう）**する化学変化。温度が下がる。

図3 ●鉄と酸素の反応●

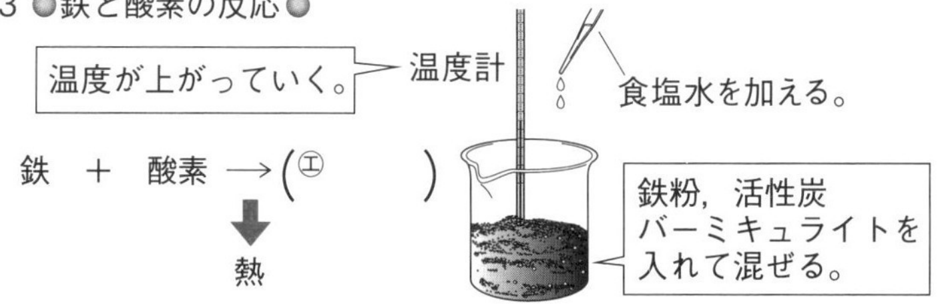

⑪**発熱反応（はつねつはんのう）**
温度が上がる化学変化。鉄と酸素の反応など。

⑫**吸熱反応（きゅうねつはんのう）**
温度が下がる化学変化。炭酸水素ナトリウムとクエン酸水溶液の反応など。

ミス注意！
化学変化の中には，温度が下がるものもある。

テストに出る！

予想問題　第２章　化学変化と物質の質量(2)　第３章　化学変化の利用

30分　/100点

1 右の図のように，水素と酸素を２：１の体積の比で混合した気体に点火した。これについて，次の問いに答えなさい。　4点×3〔12点〕

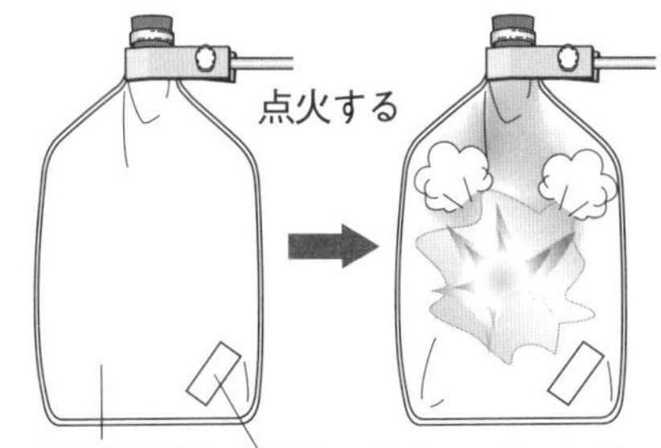

(1) 点火したあと，袋に入れた塩化コバルト紙の色は何色に変化しているか。（　　　　　）

(2) (1)のことから，水素と酸素が結びつくと，何という物質ができることがわかるか。物質名を書きなさい。（　　　　　）

(3) この実験で起きた化学変化を，化学反応式で表しなさい。（　　　　　　　　　　）

2 右の図のように，塩化銅の電気分解を行ったところ，陽極からは気体が発生し，陰極には赤い物質が付着した。これについて，次の問いに答えなさい。　4点×4〔16点〕

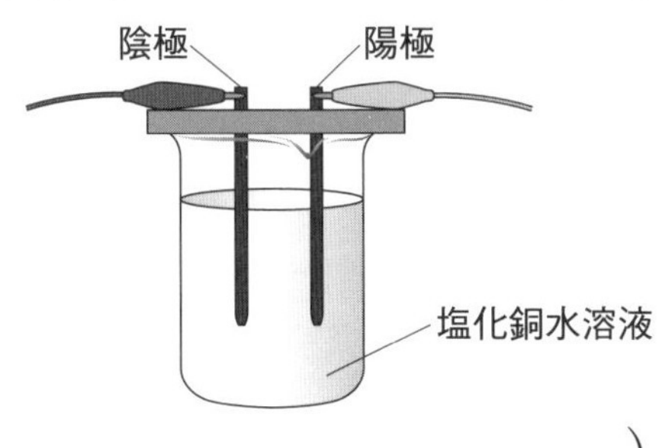

(1) 塩化銅を化学式で表しなさい。（　　　　　）

(2) 陽極から発生した気体は何か。化学式で表しなさい。（　　　　　）

(3) 陰極に付着した赤い物質は何か。化学式で表しなさい。（　　　　　）

(4) 塩化銅の電気分解を，化学反応式で表しなさい。（　　　　　　　　　　）

よく出る **3** 右の図のように，黒色の酸化銀を試験管Aに入れて熱した。これについて，次の問いに答えなさい。　4点×6〔24点〕

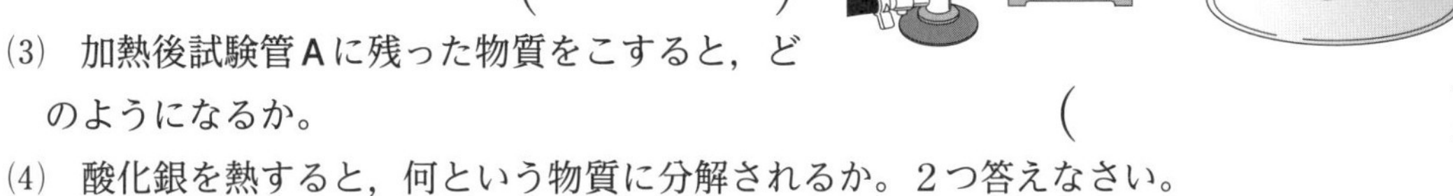

記述 (1) 試験管Bにたまった気体に火のついた線香を入れると，どのようになるか。（　　　　　　　　　　）

(2) この実験で，酸化銀は何色へと変化するか。（　　　　　）

(3) 加熱後試験管Aに残った物質をこすると，どのようになるか。（　　　　　）

(4) 酸化銀を熱すると，何という物質に分解されるか。２つ答えなさい。（　　　　　）（　　　　　）

(5) この実験で起きた化学変化を，化学反応式で表しなさい。（　　　　　　　　　　）

よく出る **4** 右の図のように，酸化銅の粉末と炭素粉末を混ぜたものを加熱した。図の下の式は，このときの化学変化を表したものである。これについて，次の問いに答えなさい。 4点×9〔36点〕

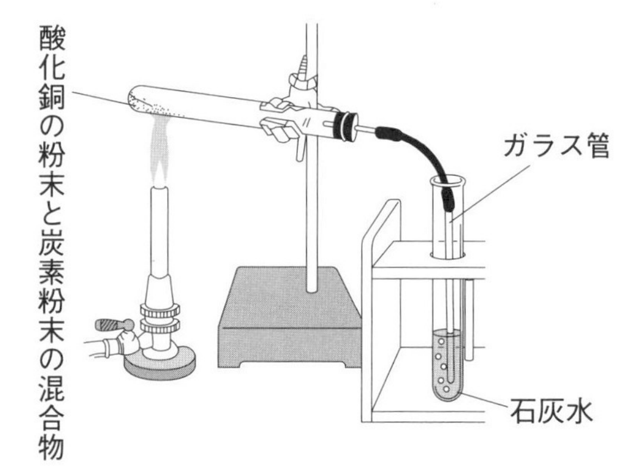

⑴ 加熱後試験管に残った物質は，何色をしているか。 (　　　　)

⑵ ⑴のことから，酸化銅は何という物質(A)に変化したことがわかるか。

(　　　　)

⑶ 発生した気体を石灰水に通すと，石灰水はどのようになるか。

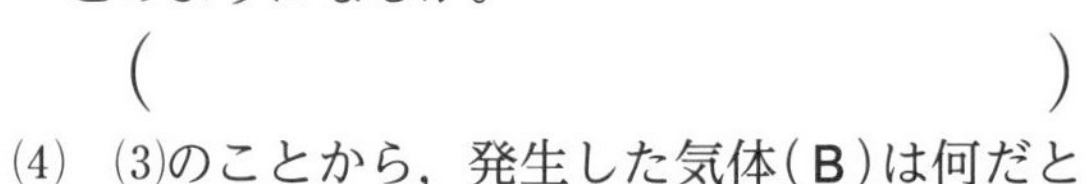
(　　　　　　　　)

⑷ ⑶のことから，発生した気体(B)は何だとわかるか。 (　　　　)

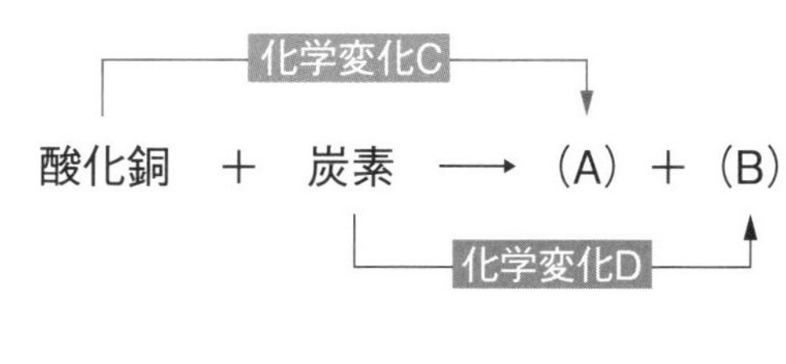

⑸ 化学変化を表す式で，化学変化C，Dをそれぞれ何というか。

C (　　　　)
D (　　　　)

記述 ⑹ 加熱をやめるとき，ガラス管を石灰水からぬいてからガスバーナーの火を消したのはなぜか。その理由を書きなさい。
(　　　　　　　　　　　　　　　　　　　　)

⑺ この実験で起きた化学変化を，化学反応式で表しなさい。
(　　　　　　　　　　)

⑻ 炭素のかわりに水素を使って酸化銅から酸素を取り除いた。このときの化学変化を化学反応式で表しなさい。(　　　　　　　　　　)

5 右の図のように，クエン酸水溶液に炭酸水素ナトリウムを入れてよく混ぜ，温度をはかった。これについて，次の問いに答えなさい。 4点×3〔12点〕

⑴ 化学変化が起こるときには，熱の出入りがともなう。この実験では，熱がどのようになるか。次のア，イから選びなさい。 (　　)

ア 外部に放出される。　**イ** 外部から吸収される。

⑵ この実験で，温度はどのように変化するか。次のア～ウから選びなさい。 (　　)

ア 温度が上がる。

イ 温度が下がる。

ウ 温度は変わらない。

⑶ 化学変化が起こるときに，温度が⑵のようになる反応を何というか。 (　　　　)

2-2 動植物の生きるしくみ

第１章　生物のからだと細胞
第２章　植物のつくりとはたらき(1)

①細胞
すべての生物の基本単位。
②細胞呼吸
すべての細胞が行う，酸素を取り入れて二酸化炭素を排出するはたらき。
③単細胞生物
からだが１つの細胞でできている生物。
④核
１つの細胞に１つあるつくり。染色液によく染まる。
⑤細胞質
核のまわりの部分。
⑥細胞膜
細胞質の最も外側にある膜状のつくり。
⑦葉緑体
植物の細胞に見られる，緑色をした粒状のつくり。
⑧細胞壁
植物の細胞膜の外側にある，じょうぶなしきり。
⑨多細胞生物
からだが多くの細胞でできている生物。

テストに出る！　**ココが要点**　解答 p.5

① 細胞　教 p.76～p.87

1 細胞

(1)　(① 　　　　)　すべての生物の基本単位。

(2)　(② 　　　　)(内呼吸)　すべての細胞が行っている，酸素を取り入れ，二酸化炭素を排出するはたらき。酸素とともに細胞内に取り入れられた養分は，酸素と結びついてエネルギーが取り出され，細胞の生命が維持される。このときにできる水と二酸化炭素は細胞外に排出される。

(3)　(③ 　　　　)　からだが１つの細胞でできている生物。

2 細胞と個体

(1)　植物と動物の細胞に共通するつくり

- (④ 　　　　)…１つの細胞に１つあり，染色されやすい。
- (⑤ 　　　　)…核のまわりの部分。
- (⑥ 　　　　)…細胞質の最も外側の膜状の部分。

(2)　植物の細胞に特徴的なつくり

- (⑦ 　　　　)…緑色をした粒状のつくり。
- 液胞…液体のつまった袋状のつくり。
- (⑧ 　　　　)…細胞膜の外側にあるじょうぶなしきり。植物のからだの形をしっかり保つはたらきをする。

図１

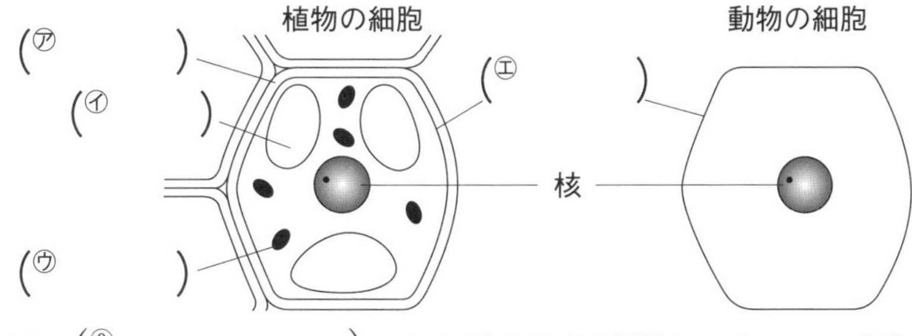

(3)　(⑨ 　　　　)　からだが多くの細胞でできている生物。

(4)　多細胞生物のからだのつくり

- 組織…はたらきが同じ細胞が多数集まってできているもの。
- 器官…決まった形とはたらきをもつ，いくつかの組織が集まってできているもの。
- 個体…さまざまな器官が集まってできているもの。

ココが要点の答えになります。

② 植物と水

教 p.88～p.94

1 根のつくりとはたらき

(1) (⑩　　　　) 根の先端近くに見られる毛のように細い突起のこと。根毛によって，根の**表面の面積**が大きくなり，水などを効率よく吸収できる。

(2) 根のはたらき　根には**水**や水に溶けた**無機養分**を吸収するはたらきや，植物のからだを支えるはたらきがある。

2 茎のつくりとはたらき

(1) 茎のつくり

- (⑪　　　　)…根から吸収された**水**や**無機養分**が通る管。
- (⑫　　　　)…葉でつくられた**養分**が通る管。
- (⑬　　　　)…道管と師管が何本もまとまって束のようになった部分。

(2) 茎の維管束　いっぱんに双子葉類の茎の断面では維管束は輪状にならんでいるが，単子葉類の茎では全体に散らばっている。

図２●維管束のならび方（茎の断面）●

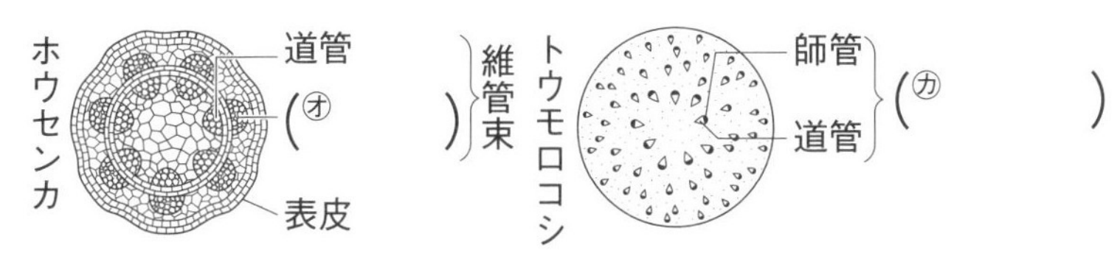

(3) 茎のはたらき　茎には植物のからだを支えるはたらきもある。

3 蒸散

(1) (⑭　　　　) 葉の表皮に見られる，くちびるのような形をした一対の細胞（**孔辺細胞**）に囲まれた小さなすき間。このすき間からは，気体が出入りする。

(2) (⑮　　　　) 根から吸い上げられた水が**水蒸気**となって気孔から空気中へ出ていくこと。

(3) 蒸散のさかんなところ　多くの植物では，気孔が**葉の裏側**に多くあるので，蒸散も葉の裏側でさかんである。

図３●葉の断面と気孔●

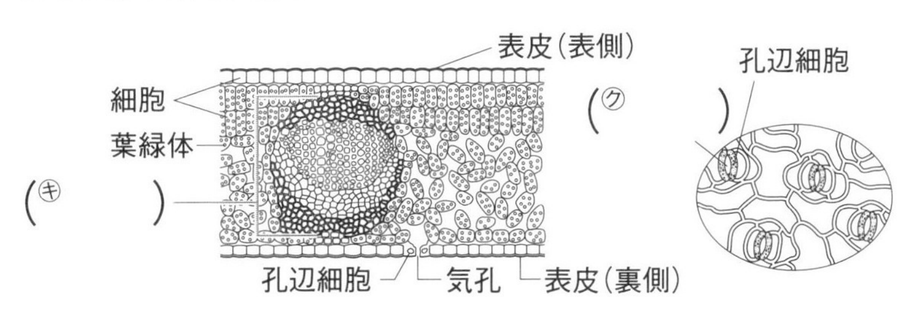

満点★ミッション

⑩**根毛**
根の先端近くに数多くある，毛のように細い突起。

⑪**道管**
根から吸収された水や無機養分が通る管。

⑫**師管**
葉でつくられた養分が通る管。

⑬**維管束**
道管と師管が集まって束のようになった部分。

ポイント
道管も師管も，植物の根から茎を通って葉までつながっているため，水や養分がからだ全体に行き渡る。

⑭**気孔**
葉の表皮のところどころにあるすき間。くちびるの形をした一対の細胞に囲まれてできている。

⑮**蒸散**
根から吸い上げられた水が水蒸気となって植物のからだから出ていくこと。

 解答 p.5

テストに出る！

予想問題 第１章　生物のからだと細胞　第２章　植物のつくりとはたらき(1)

🕒30分　/100点

よく出る **1** 右の図は，動物と植物の細胞を模式的に表したものである。これについて，次の問いに答えなさい。 4点×10〔40点〕

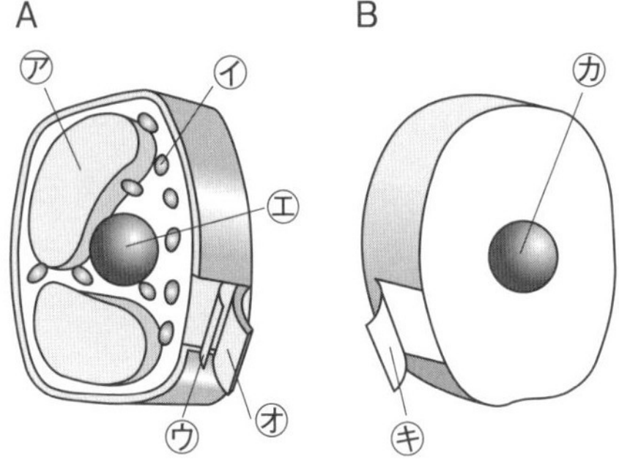

(1) 動物の細胞は，A，Bのどちらか。 (　　)

(2) 液体のつまった袋状のつくりはどれか。ア～キから選びなさい。 (　　)

(3) 次の①～③にあてはまる部分をそれぞれア～キからすべて選びなさい。また，その名称も答えなさい。

① 植物の細胞膜の外側にあり，からだの形を保つはたらきのあるつくり。 記号(　　) 名称(　　)

② １つの細胞に１つある，丸いつくり。 記号(　　) 名称(　　)

③ 緑色の粒状のつくり。 記号(　　) 名称(　　)

(4) 図のカのまわりの部分を何というか。 (　　)

(5) 細胞のつくりを顕微鏡(けんびきょう)で観察するときに使う染色液はどれか。次のア～エから選びなさい。 (　　)

ア 石灰水　　イ フェノールフタレイン溶液　　ウ 酢酸(さくさん)カーミン液　　エ ヨウ素液

2 右の図は，顕微鏡で観察したある生物のようすである。これについて，次の問いに答えなさい。 2点×6〔12点〕

A

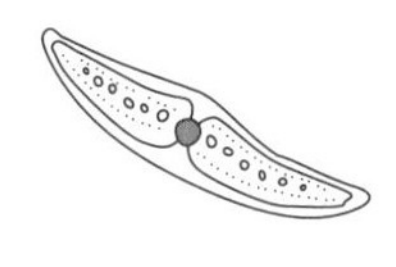

B

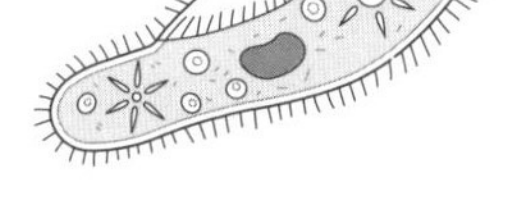

(1) 図の生物のように，からだが１つの細胞でできている生物を何というか。 (　　)

(2) 図のAとBはそれぞれ何という生物か。次のア～オからそれぞれ選びなさい。 A(　　) B(　　)

ア ミドリムシ　　イ ゾウリムシ　　ウ アメーバ　　エ ハネケイソウ

オ ミカヅキモ

(3) 図の生物とちがい，からだが多くの細胞でできている生物を何というか。 (　　)

(4) (3)の生物のからだのつくりについて，次の文の(　)にあてはまる言葉を答えなさい。 ①(　　) ②(　　)

からだの中では，同じはたらきをもつ多数の細胞が集まって(①)をつくる。そして，いくつかの(①)が集まって決まった形とはたらきをもつ(②)をつくり，さまざまな(②)が集まって個体がつくられている。

よく出る **3** 図１のように，ホウセンカとトウモロコシを植物染色剤を溶かした水にさし，30分くらいつけておいた。図２は，そのあと観察した茎の横断面のようすである。次の問いに答えなさい。

5点×4〔20点〕

(1) ホウセンカとトウモロコシの分類について正しく説明したものはどれか。次の**ア**～**エ**から選びなさい。 (　　)

ア ホウセンカは単子葉類であり，トウモロコシは双子葉類である。

イ ホウセンカは双子葉類であり，トウモロコシは単子葉類である。

ウ ホウセンカもトウモロコシも単子葉類である。

エ ホウセンカもトウモロコシも双子葉類である。

(2) 次の①，②を表したものはどれか。それぞれ図２の**A**，**B**から選びなさい。

① ホウセンカの茎の断面 (　　)

② トウモロコシの茎の断面 (　　)

図１

図２

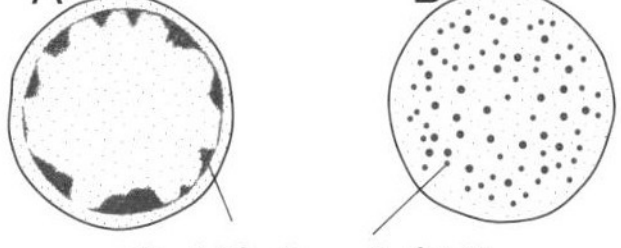

(3) 図２で，赤く染まった部分には，根から吸収された水や水に溶けた無機養分の通り道となる管がある。この管を何というか。 (　　　)

よく出る **4** 右の図は，葉の断面を表したものである。次の問いに答えなさい。

4点×7〔28点〕

(1) **A**は葉の表面に見られるすじの部分である。このすじを何というか。 (　　　)

(2) **A**の部分を通るものとして適当でないものはどれか。次の**ア**～**エ**から選びなさい。 (　　)

ア 水　　**イ** 無機養分

ウ 空気　　**エ** 葉でつくられた養分

(3) ㋐，㋑のような小さな部屋の１つ１つを何というか。 (　　　)

(4) ㋐や㋑の中に見られる，緑色をした粒（つぶ）を何というか。 (　　　)

(5) ㋑は，くちびるのような形をした一対の小さな部屋である。この小さな部屋のことを何というか。 (　　　)

(6) ㋒は葉の表面に見られる，㋑に囲まれたすき間である。このすき間を何というか。 (　　　)

(7) (6)の㋒のすき間から，植物のからだの中の水が水蒸気となって出ていくことを何というか。 (　　　)

第2章　植物のつくりとはたらき(2)

①光合成
植物が光のエネルギーを利用してデンプンなどをつくり出すこと。

②青紫色
デンプンにヨウ素液を加えたときに示す色。

③ヨウ素デンプン反応
デンプンにヨウ素液を加えると青紫色になる反応。

④葉緑体
光合成が行われるところ。植物の細胞にある緑色の粒。

⑤二酸化炭素
光合成のときに，植物が空気中から取り入れる気体。

ポイント
葉にある「ふ」といわれる部分には葉緑体がないので，白っぽい色をしている。

テストに出る！ **ココが要点**　解答 p.6

① 植物と養分

教 p.95～p.107

1 光合成(こうごうせい)のしくみ

図1

(1)　葉のつき方　植物の葉は，重ならないように広がっている。これにより，どの葉にも日光が当たるようになっている。

(2)　(①　　　　　)　植物が光のエネルギーを利用してデンプンなどの養分をつくり出すこと。

(3)　光合成のしくみを調べる実験

- デンプンにヨウ素液を加えると，(②　　　　　)に変化する。この反応を(③　　　　　　　)という。この性質を利用し，デンプンがつくられたかどうかを確かめることができる。
- ヨウ素デンプン反応から，光合成は葉の細胞の(④　　　　　)で行われることがわかる。
- 石灰水がにごるかどうかから，光合成が行われるとき，植物は(⑤　　　　　　)を取り入れていることがわかる。

図2 ● 石灰水で調べる実験 ●

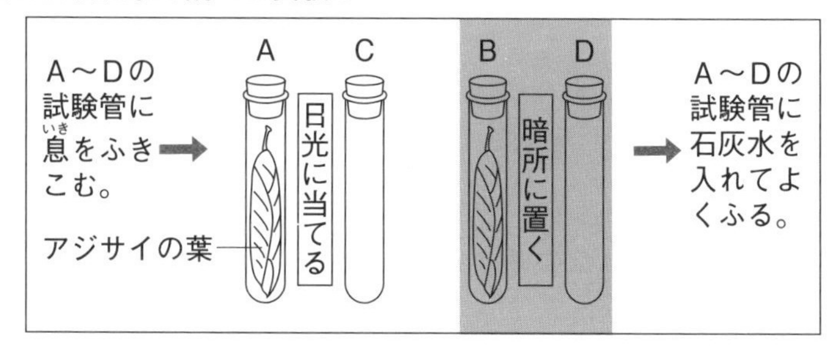

石灰水の変化

A	B	C	D
変化なし。	白くにごった。	白くにごった。	白くにごった。

この実験からは，葉があって日光が当たると，光合成が行われて二酸化炭素が吸収されることがわかる。

ココが要点の答えになります。

(4) 光合成のしくみ　光合成は，植物が光のエネルギーを利用して，二酸化炭素と（⑥　　　　）から（⑦　　　　）などの養分をつくるはたらきのことをいう。このとき，同時に（⑧　　　　）が発生する。

- 二酸化炭素…気孔を通して空気中から取り入れられる。
- 水…根から吸収され，道管を通って運ばれる。
- デンプン…水に溶けるショ糖に変えられてから，師管を通してからだ全体に運ばれる。運ばれた養分の一部は，種子や果実などにたくわえられる。
- 酸素…気孔を通して空気中に放出される。

図３

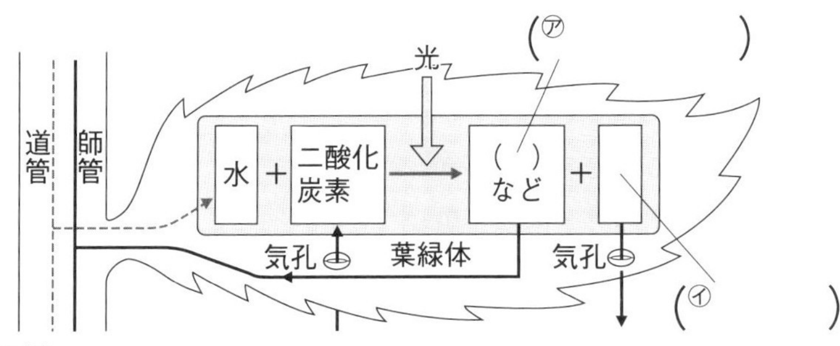

⑥水
光合成のときに必要な物質。根から吸収されて葉緑体にとどけられる。

⑦デンプン
光合成でできる物質。水に溶けるショ糖に変えられてから，師管を通して植物のからだ全体に運ばれる。

⑧酸素
光合成のときにできる気体。気孔から空気中に出される。

2 呼吸（こきゅう）

(1) （⑨　　　　）　空気中の酸素を取り入れて，二酸化炭素を出すはたらき。植物も，動物と同じように，昼も夜も呼吸を行っている。

- 昼の気体の出入り…光合成と呼吸が行われる。
  光が当たると，呼吸よりも光合成をさかんに行うため，植物全体としては，二酸化炭素を取り入れて，酸素を出しているようにみえる。
- 夜の気体の出入り…呼吸だけが行われる。
  光が当たらないと光合成は行われないので，呼吸だけが行われる。このため，植物全体としては，酸素を取り入れ，二酸化炭素を出している。

⑨呼吸
酸素を取り入れ二酸化炭素を出すこと。

図４

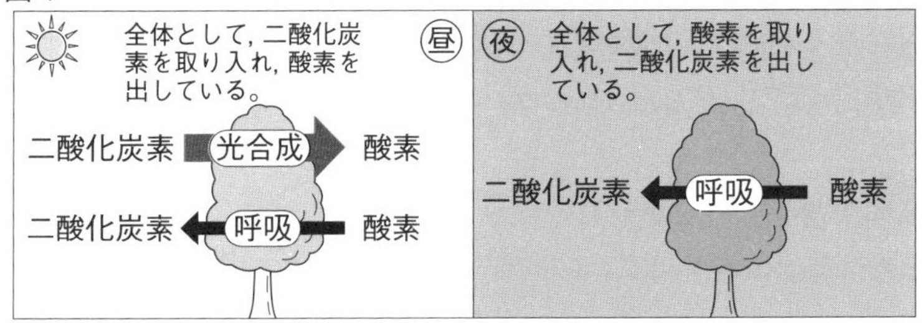

テストに出る！予想問題　第２章　植物のつくりとはたらき(2)

30分　/100点

1 右の図のような，ふ入りの葉を１日暗いところに置いておき，次の日に日光を十分に当てた。この葉を熱湯につけてから，温めたある薬品につけて脱色(だっしょく)し，水で洗ってヨウ素液に入れると，Aの部分だけ色が変化した。これについて，次の問いに答えなさい。6点×5〔30点〕

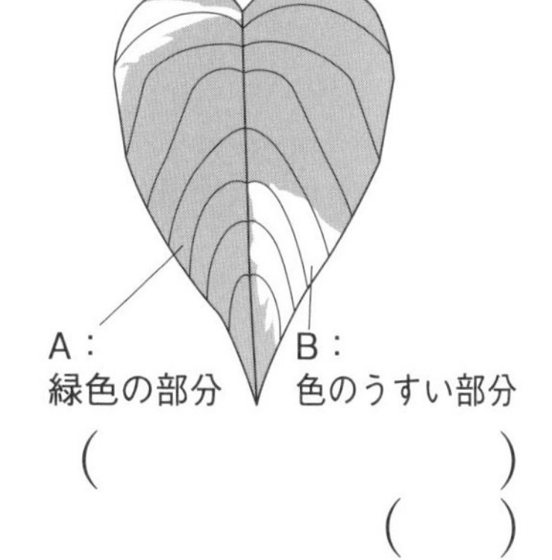

(1) 葉を熱湯につけるのはなぜか。次のア～エから選びなさい。（　　）
ア　葉の呼吸を停止させるため。
イ　葉をやわらかくするため。
ウ　葉のデンプンをなくすため。
エ　葉の蒸散を活発にさせるため。

(2) 葉を脱色するとき，何という薬品につけるか。（　　　　）

(3) 細胞に葉緑体がないのは，図のA，Bのどちらか。（　　）

(4) Aの部分は何色に変化したか。次のア～エから選びなさい。（　　）
ア　赤色　　イ　青紫色　　ウ　黄色　　エ　白色

(5) この実験結果から，光合成が行われるには，何が必要だとわかるか。（　　　　）

2 アジサイの葉を使って，次の手順で実験を行った。これについて，あとの問いに答えなさい。5点×3〔15点〕

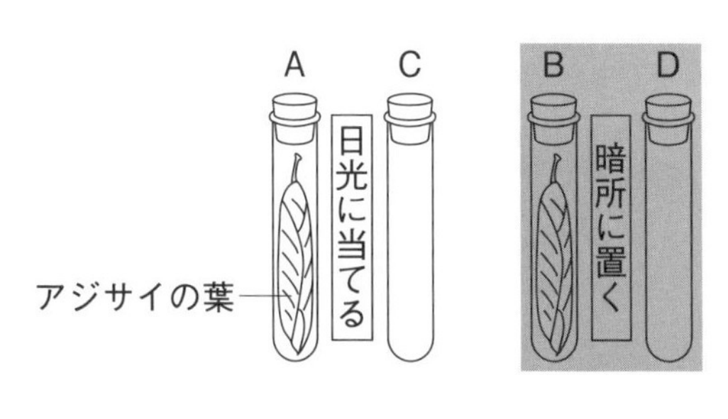

手順１　試験管A，Bにアジサイの葉を入れ，ストローで息をふきこみゴムせんをする。空の試験管C，Dにも同じようにストローで息をふきこむ。

手順２　試験管A，Cを30分間日光に当てる。試験管B，Dを30分間暗いところに置く。

手順３　試験管A～Dの試験管に石灰水を少量入れ，ゴムせんをする。試験管をよくふって石灰水の変化を観察する。

(1) 石灰水が白くにごらなかったのは，試験管A～Dのどれか。（　　）

(2) (1)の試験管で石灰水が白くにごらなかったのは，試験管の中に何という気体が残っていなかったからか。（　　　　）

(3) (1)の試験管に(2)の気体が残っていなかったのは，日光に当たったアジサイの葉が何というはたらきをしたからか。（　　　　）

3 図１のように，ポリエチレンの袋Ａ，Ｂに空気を入れ，袋Ａだけに新鮮(しんせん)な野菜を入れた。袋Ａ，Ｂを密閉して暗いところに２時間放置したあと，図２のように，袋Ａ，Ｂの中の空気を石灰水に通して石灰水の変化を観察した。これについて，あとの問いに答えなさい。

5点×5〔25点〕

図１

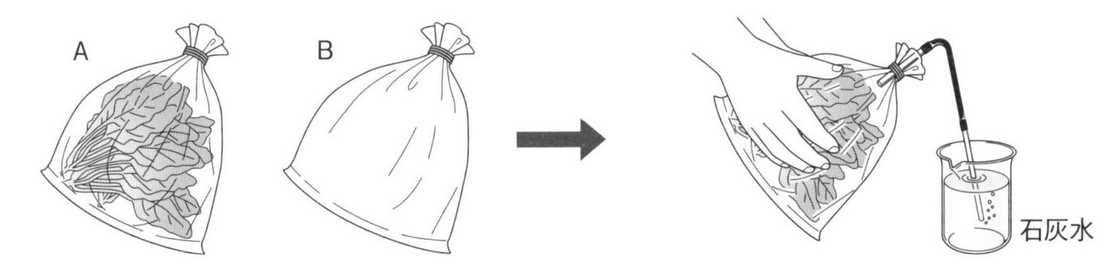

⑴　図２のように，袋の中の空気を石灰水に通したとき，石灰水が変化したのはＡ，Ｂのどちらか。（　　）

⑵　⑴のとき，石灰水はどのように変化したか。（　　　　　　　　）

⑶　石灰水が変化したのは，袋の中に何という気体が増えたからか。（　　　　）

⑷　⑶の気体が増えたのは，植物の何というはたらきによるものか。（　　　　）

⑸　⑷の植物のはたらきはいつ行われているか。次の**ア**～**ウ**から選びなさい。（　　）

ア　光が当たる昼だけ。

イ　光が当たらない夜だけ。

ウ　一日中。

4 右の図の㋐と㋑は，昼や夜に植物のからだを出入りする気体のようすを表したものである。これについて，次の問いに答えなさい。

5点×6〔30点〕

⑴　夜の植物のようすを表しているのは，図の㋐，㋑のどちらか。（　　）

⑵　図のＡ，Ｂは，それぞれ植物の何というはたらきを表しているか。
Ａ（　　　　　）
Ｂ（　　　　　）

⑶　図の二酸化炭素や酸素は，何という部分を通って植物のからだに出入りするか。（　　　　）

⑷　図の㋑では，植物全体としてからだに何という気体を取り入れているようにみえるか。（　　　　）

⑸　図の㋑では，植物全体としてからだから何という気体を出しているようにみえるか。（　　　　）

㋐

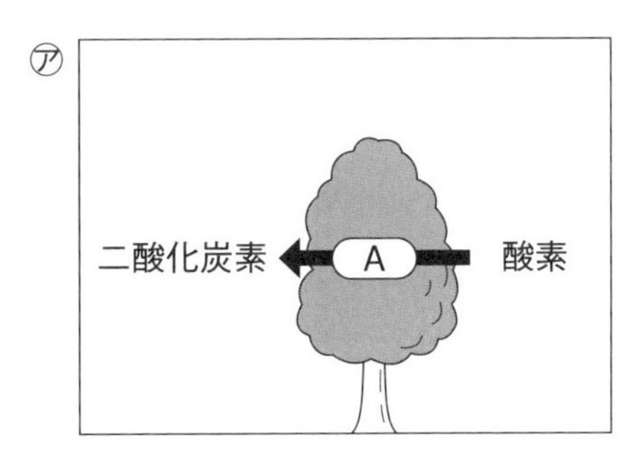

㋑

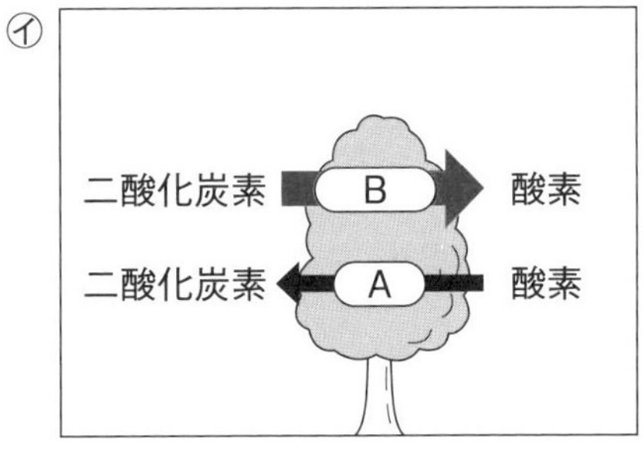

第３章　動物のつくりとはたらき⑴

テストに出る！ ココが要点　解答 p.7

① 血液の循環

教 p.108～p.111

1 心臓と血管

⑴ 心臓　血液を全身に送り出すポンプ。

⑵ (①　　　　) 心臓から送り出された血液が通る血管。

⑶ (②　　　　) 心臓にもどる血液が通る血管。

⑷ 毛細血管　からだの末端にある細い血管。

⑸ リンパ管　リンパ液が流れる管。

⑹ (③　　　　) 心臓・血管・血液・リンパ管・リンパ液。

⑺ 体循環　心臓→全身→心臓という血液の循環。

⑻ (④　　　　) 心臓→肺→心臓という血液の循環。

図1● 心臓のつくり●

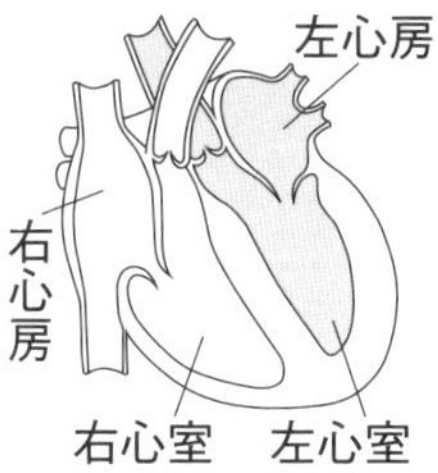

左心房
右心房
右心室
左心室

② 呼吸のしくみ

教 p.112～p.113

1 呼吸

⑴ 呼吸(外呼吸)　動物がえらや肺などで，体内に(⑤　　　　)を取り入れ，体外に(⑥　　　　)を排出すること。

⑵ (⑦　　　　) 呼吸するためのえらや肺のこと。

⑶ (⑧　　　　) 呼吸に関わる器官などのまとまり。

⑷ ヒトの呼吸　鼻や口から吸いこまれた空気は(⑨　　　　)から気管支をへて左右の(⑩　　　　)に入る。気管支の末端は小さい袋状の(⑪　　　　)になっている。肺胞の外側は毛細血管が取りまいていて，酸素と二酸化炭素の交換が行われている。

図２● 肺のつくり●

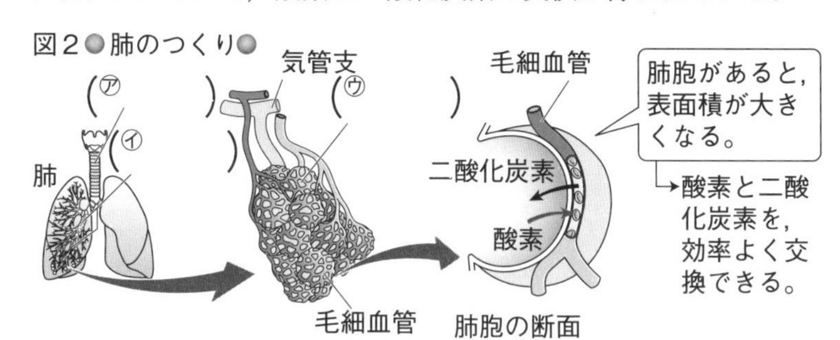

⑸ 呼吸運動　ヒトの肺は胸の空間にあり，ろっ骨の間の筋肉と横隔膜の動きによって空間の広さを変えることで，呼吸が行われる。

満点★ミッション

①動脈
心臓から出ていく血液が流れる血管。壁が厚く，血液の圧力に耐えられる。

②静脈
心臓へもどる血液が流れる血管。壁がうすく，逆もどりを防ぐ弁がある。

③循環系
心臓・血管・血液などのまとまり。

④肺循環
心臓から肺をめぐって心臓にもどる血液の循環。

⑤酸素
呼吸によって体内に取り入れる気体。

⑥二酸化炭素
呼吸によって体内から排出する気体。

⑦呼吸器官
動物が呼吸するためのえらや肺。

⑧呼吸系
呼吸に関わる器官などのまとまり。

⑨気管
鼻や口から吸いこまれた空気が通る管。

⑩肺
ヒトの呼吸器官。

⑪肺胞
気管支の末端の小さな袋状のつくり。

ココが要点の答えになります。

③ 消化のしくみ

教 p.114〜p.122

1 消化と吸収

(1) (⑫　　　　　) 口から肛門までの食物の通り道。

(2) **消化器官** 口，食道，胃，小腸，大腸などの消化管や，消化管につながるだ液腺，すい臓，肝臓などの器官。

(3) (⑬　　　　　) 消化に関わる器官などのまとまり。

(4) **消化** 食物を体内に取りこまれやすい形に分解すること。

(5) **消化液** 消化器官が出す液。だ液，胃液，すい液など。

(6) (⑭　　　　　) 消化液にふくまれる，食物を分解し，吸収されやすい形に変えるもの。消化酵素は，それぞれはたらく対象が決まっている。

- (⑮　　　　　)…だ液中にふくまれ，デンプンを分解する。すい液にもふくまれる。
- ペプシン…胃液にふくまれ，タンパク質を分解する。
- リパーゼ…すい液にふくまれ，脂肪を分解する。
- トリプシン…すい液にふくまれ，タンパク質を分解する。

(7) 消化されてできるもの　デンプンはブドウ糖，タンパク質はアミノ酸，脂肪は脂肪酸とモノグリセリドにそれぞれ分解される。

図３●消化のしくみ●

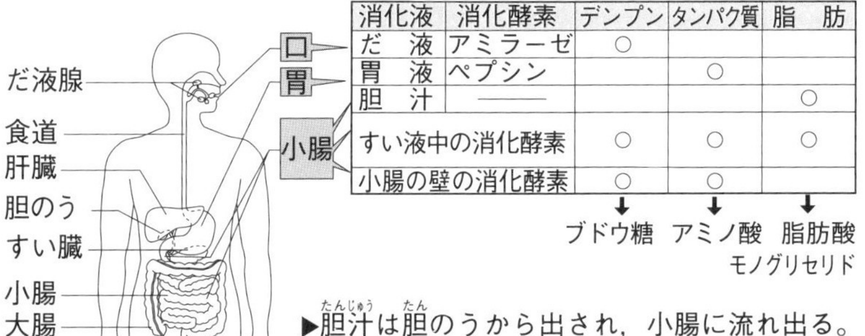

	消化液	消化酵素	デンプン	タンパク質	脂　肪
口	だ　液	アミラーゼ	○		
胃	胃　液	ペプシン		○	
小腸	胆　汁	——			○
小腸	すい液中の消化酵素		○	○	○
小腸	小腸の壁の消化酵素		○	○	
			↓ ブドウ糖	↓ アミノ酸	↓ 脂肪酸 モノグリセリド

▶胆汁は胆のうから出され，小腸に流れ出る。消化酵素をふくまない。
▶すい液はすい臓から出され，小腸に流れ出る。

(8) 養分の吸収　養分は小腸の壁にある(⑯　　　　　)から吸収される。水は主に小腸で，残りは大腸で吸収される。

- ブドウ糖，アミノ酸
  …柔毛の(⑰　　　　　)に吸収され，肝臓をへて全身に運ばれる。ブドウ糖の一部は，肝臓で一時たくわえられる。
- 脂肪酸，モノグリセリド
  …柔毛に吸収されたあと再び脂肪となり，(⑱　　　　　)に入る。リンパ管はやがて血管と合流する。

(9) 排出　消化・吸収されなかったものは，便として排出される。

満点★ミッション

⑫**消化管**
口から肛門までのひとつながりの食物の通り道。

⑬**消化系**
消化に関わる器官などのまとまり。

⑭**消化酵素**
消化液にふくまれている，食物を分解して吸収されやすい形に変えるはたらきをもつもの。

⑮**アミラーゼ**
だ液などにふくまれる，デンプンにはたらく消化酵素。

⑯**柔毛**
小腸内部の表面の壁にあり，養分が吸収される部分。

⑰**毛細血管**
柔毛で吸収されたブドウ糖やアミノ酸が吸収される管。

⑱**リンパ管**
柔毛で吸収された脂肪酸とモノグリセリドが再び脂肪になって入る管。

テストに出る！

予想問題　第３章　動物のつくりとはたらき(1)

30分

/100点

よく出る

1 図１は正面から見たヒトの心臓のつくりを，図２は動脈と静脈のつくりを表したものである。これについて，次の問いに答えなさい。
4点×9〔36点〕

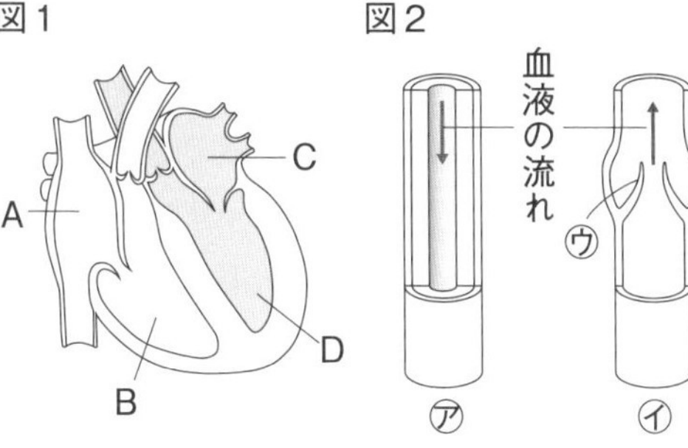

(1) 大動脈につながっているのは，図１のA～Dのどの部屋か。（　　）

(2) 肺動脈につながっているのは，図１のA～Dのどの部屋か。（　　）

(3) 動脈を表しているのは図２のア，イのどちらか。（　　）

(4) 血管の壁が厚いのは，図２のア，イのどちらか。（　　）

(5) 図２のウのつくりを何というか。（　　）

記述 (6) 図２のウのつくりには，何を防ぐはたらきがあるか。
（　　）

(7) 心臓から出た血液が全身をめぐって心臓にもどる道すじのことを何というか。
（　　）

(8) 心臓から出た血液が肺をめぐって心臓にもどる道すじのことを何というか。
（　　）

(9) 心臓，血管と血管内を流れる血液，リンパ管とリンパ管内に流れるリンパ液をまとめて何というか。（　　）

2 ヒトの鼻や口から吸いこまれた空気は，気管を通り，気管から左右に分かれた気管支をへて左右２つの肺に入る。気管支は枝分かれしていってしだいに細くなり，末端は右の図のような小さい袋状のアのつくりになっている。これについて，次の問いに答えなさい。3点×4〔12点〕

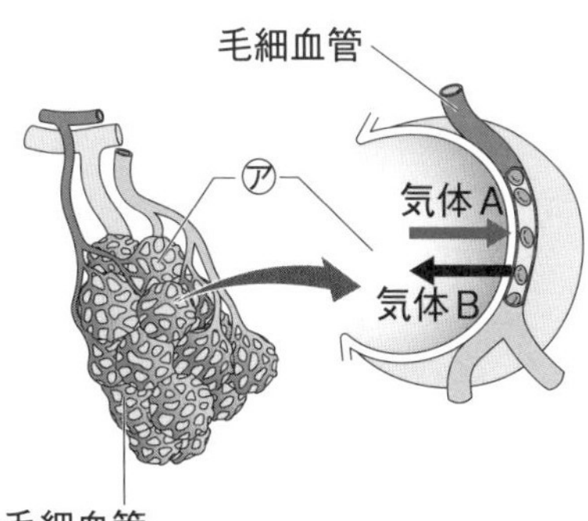

(1) 図の袋状のアのつくりを何というか。
（　　）

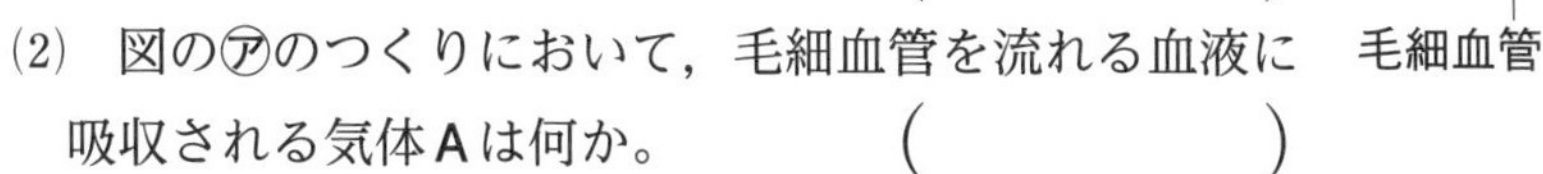

(2) 図のアのつくりにおいて，毛細血管を流れる血液に吸収される気体Aは何か。（　　）

(3) 図のアのつくりにおいて，毛細血管を流れる血液から放出される気体Bは何か。
（　　）

記述 (4) 図のアのつくりがたくさんあることには，どのような利点があるか。
（　　）

よく出る **3** 右の図は，消化と吸収のようすを表したもので，㋐〜㋔は消化液，A〜Cは分解された物質を表している。これについて，次の問いに答えなさい。　4点×10〔40点〕

(1) 消化液にふくまれ，食物を分解するはたらきをもつ物質を何というか。（　　　　）

(2) ㋐にふくまれる，デンプンを分解する物質を何というか。（　　　　）

(3) ㋑，㋓は何という消化液か。
㋑（　　　　）㋓（　　　　）

(4) ㋒には，脂肪の分解を助けるはたらきがある。何という器官から小腸に出されるか。
（　　　　）

(5) タンパク質やデンプンが分解されてできた物質B，Cをそれぞれ何というか。　B（　　　　）
C（　　　　）

(6) 小腸の壁にあり，分解された物質A〜Cを吸収する部分を何というか。
（　　　　）

記述 (7) 脂肪が分解された物質Aは，(6)で吸収されたあと，どのようになるか。
（　　　　　　　　　　　　　　　　　　）

(8) 吸収されたBやCは，何という器官をへて全身に運ばれるか。（　　　　）

よく出る **4** だ液のはたらきを調べるため，下の図のような実験をした。これについて，あとの問いに答えなさい。　3点×4〔12点〕

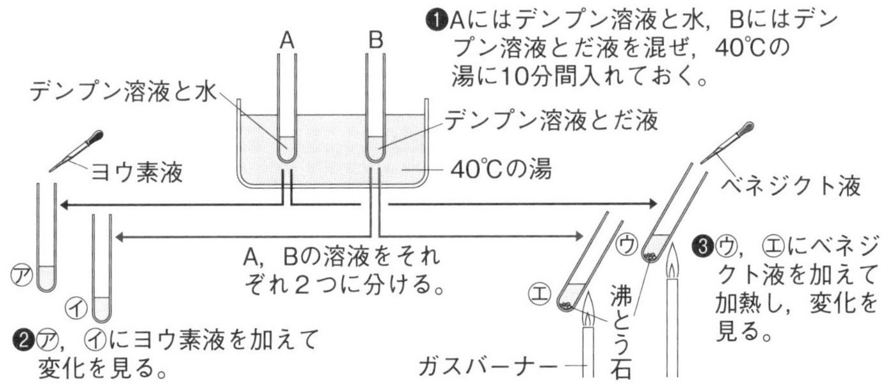

(1) ㋐，㋑にヨウ素液を加えたとき，色が変化したのはどちらか。記号で選び，その色も答えなさい。　記号（　　）色（　　　　）

(2) ㋒，㋓にベネジクト液を加えて加熱したとき，赤褐(かっ)色に変化したのはどちらか。
（　　）

記述 (3) この実験から，だ液のはたらきについてどのようなことがわかるか。
（　　　　　　　　　　　　　　　　　　）

第3章　動物のつくりとはたらき(2)

①赤血球
酸素を運ぶはたらきをする血液の成分。ヘモグロビンをふくんでいる。

②白血球
病原体を分解し，からだを守るはたらきをする血液の成分。

③組織液
血しょうの一部が毛細血管からしみ出した液。細胞のすき間を満たす。

④尿素
有毒なアンモニアが肝臓で変えられてできた，無毒な物質。

⑤腎臓
血液中から尿素がこしとられる器官。つくられた尿は，ぼうこうにためられたあと，体外に排出される。

⑥運動器官
動物が運動するための手・あし・つばさ・ひれなど。

⑦関節
骨と骨のつなぎ目。

⑧けん
骨につく筋肉の両端にあるじょうぶなつくり。

テストに出る！ **ココが要点** 解答 p.7

① 養分や酸素のゆくえ

教 p.123～p.126

1 血液の成分

(1) (① 　　　) ヘモグロビンがふくまれ，酸素を運ぶ。

(2) (② 　　　) 病原体を分解するなどして，からだを守る。

(3) 血小板　血液を固めて出血を防ぐ。

(4) 血しょう　血液の液体成分で，養分や不要物を運ぶ。

図1 ● 血液の成分 ●

赤血球　白血球　血小板

2 細胞が酸素や養分を受け取るしくみ

(1) (③ 　　　) 血しょうの一部が毛細血管からしみ出したもので，細胞のすき間を満たす。

- 酸素や養分…細胞が組織液から受け取るもの。
- 二酸化炭素や水…細胞が組織液に排出するもの。

3 不要物の排出

(1) 肝臓　有毒なアンモニアを無毒な(④ 　　　)に変える。

(2) (⑤ 　　　) 尿素などの不要物を血液中からこしとり，尿として排出する。

図2

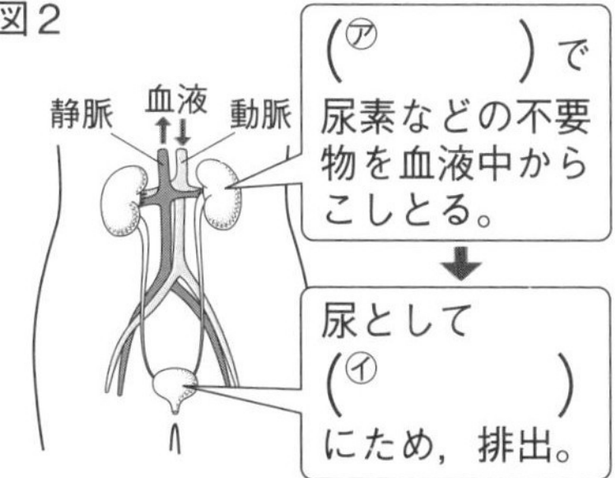

② からだが動くしくみ

教 p.127～p.139

1 骨格と筋肉

(1) (⑥ 　　　) 動物が行動するときにはたらく手・あし・つばさ・ひれなどで，主に骨格と筋肉でできている。

(2) (⑦ 　　　) 骨と骨のつなぎ目。

(3) (⑧ 　　　) 骨につく筋肉の両端。

(4) うでの動きと筋肉　関節を曲げる筋肉と伸ばす筋肉が一対になってはたらき，一方の筋肉が縮むとき，もう一方の筋肉がゆるんで関節が動く。

図3 ● うでの骨と筋肉 ●

縮む　けん　関節　けん　ゆるむ

2 感覚器官

(1) (⑨　　　　　) 周囲からの刺激を受け取る器官。刺激を受け取るための特別な細胞である(⑩　　　　　)があり，受け取った刺激を信号に変えて脳に伝える。脳で**感覚**が生じる。

図4 ●視覚●

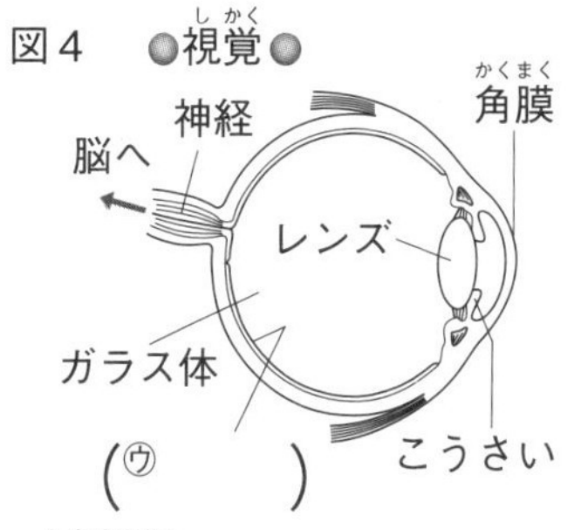

●聴覚●

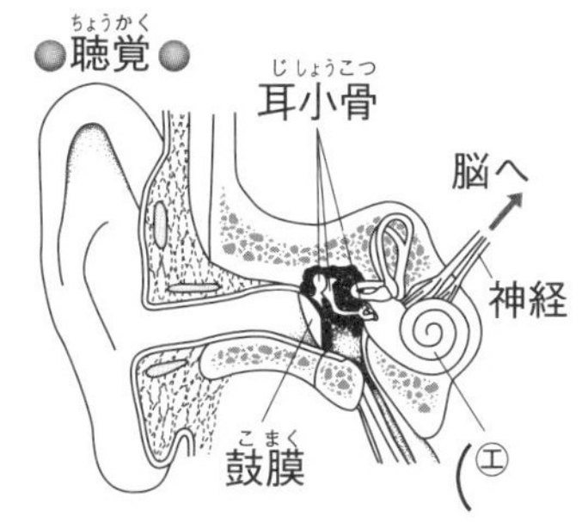

3 神経系のはたらき

(1) 神経　神経は(⑪　　　　　)という細胞の集まり。脳や脊ずいと全身の神経をまとめて**神経系**という。

(2) (⑫　　　　　) 脳や脊ずいからなる。

(3) **末しょう神経**　中枢神経から枝分かれした神経。

(4) (⑬　　　　　) 感覚器官からの信号を中枢神経に伝える。

(5) (⑭　　　　　) 中枢神経からの命令を運動器官に伝える。

(6) 意識して起こす反応　刺激の信号が感覚神経を通して(⑮　　)に伝わり，脳からの命令の信号が運動神経を通して運動器官に伝わる。

●片方の手をにぎられてすぐにもう片方の手をにぎる反応

手 → 感覚神経 → **脊ずい** → **脳** → **脊ずい** → 運動神経 → 手

(7) (⑯　　　　) 刺激に対して意識とは関係なく起こる決まった反応。刺激の信号が感覚神経を通して(⑰　　　　　)に伝わると，**脊ずい**から直接，運動器官に命令の信号が伝わるため，刺激を受けてから反応するまでの時間が短い。

●熱いものに触れたときの反応

手 → 感覚神経 → **脊ずい** → 運動神経 → 手

図5 ●意識して起こす反応●

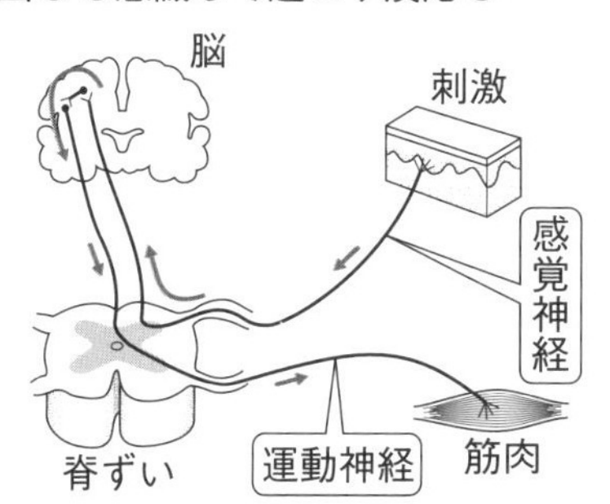

●無意識に起こる反応●

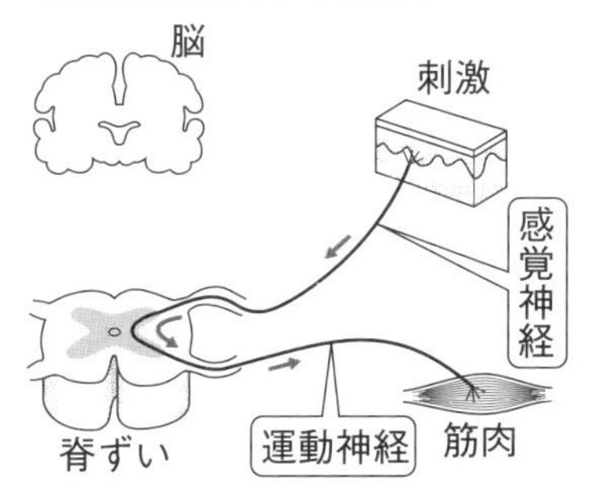

満点ミッション

⑨**感覚器官**
刺激を受け取る器官。

⑩**感覚細胞**
感覚器官にある，刺激を受け取るための細胞。

⑪**神経細胞**
神経をつくる細胞。脳や脊ずいもこの細胞が集まってできている。

⑫**中枢神経**
脳や脊ずいからなる。

⑬**感覚神経**
感覚器官の刺激の信号を中枢神経に伝える神経。

⑭**運動神経**
中枢神経の命令の信号を運動器官に伝える神経。

⑮**脳**
意識して起こす反応で，伝わってきた刺激の信号に対し，運動器官に命令の信号を出す部分。

⑯**反射**
刺激に対し，意識とは無関係に決まった反応が起こること。

⑰**脊ずい**
反射で，伝わってきた刺激の信号に対し，運動器官に命令の信号を出す部分。

テストに出る！
予想問題　第３章　動物のつくりとはたらき(2)

30分　/100点

1 右の図は，ヒトの血液の成分を模式的に表したものである。これについて，次の問いに答えなさい。　2点×9〔18点〕

(1) ㋐の成分を何というか。（　　　）

(2) ㋐にふくまれ，酸素と結びついて赤い色をしている物質を何というか。（　　　）

(3) (2)の物質には，どのような性質があるか。次のア～エから正しいものを２つ選びなさい。（　）（　）

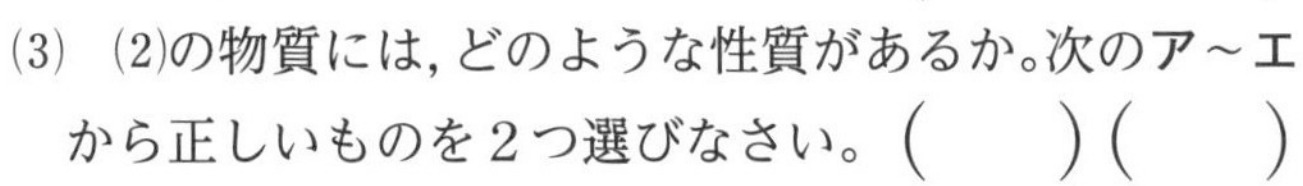

ア　酸素の多いところで酸素と結びつく。

イ　酸素の多いところで酸素をはなす。

ウ　酸素の少ないところで酸素と結びつく。

エ　酸素の少ないところで酸素をはなす。

㋐

(4) 血しょうの一部が毛細血管からしみ出したものを何というか。（　　　）

(5) からだの細胞が(4)の液体から受け取るものは何か。２つ答えなさい。（　　　）（　　　）

(6) からだの細胞が(4)の液体に排出するものは何か。２つ答えなさい。（　　　）（　　　）

2 右の図は，ヒトのからだの不要物を排出するしくみを表したものである。これについて，次の問いに答えなさい。　3点×5〔15点〕

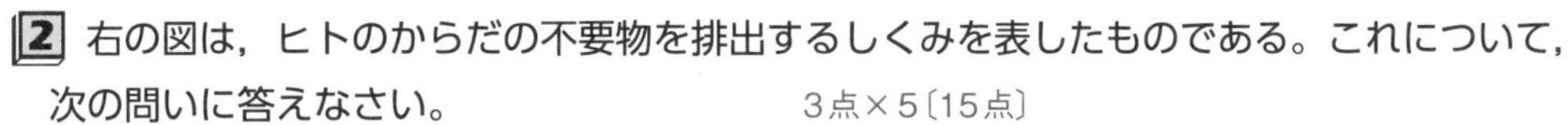

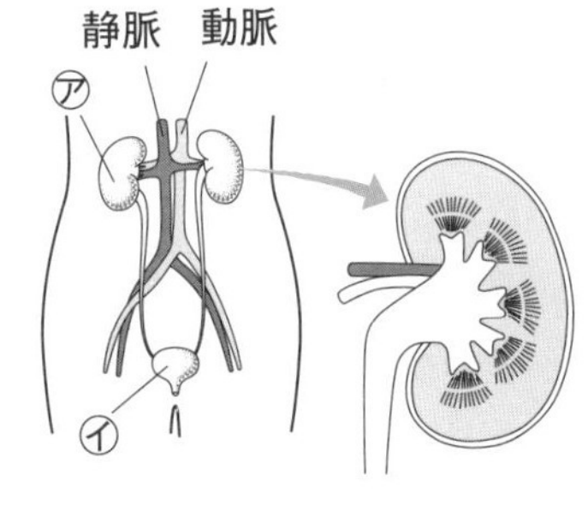

(1) 図の㋐，㋑のつくりをそれぞれ何というか。
㋐（　　　）　㋑（　　　）

(2) 有毒なアンモニアは，何という臓器で無毒な物質に変えられるか。（　　　）

(3) (2)で，何という物質に変えられるか。（　　　）

(4) ㋐では，(3)の物質やよぶんな水分や塩分などをこしとって，何として排出しているか。（　　　）

3 右の図のようなヒトのうでのつくりについて，次の問いに答えなさい。　5点×3〔15点〕

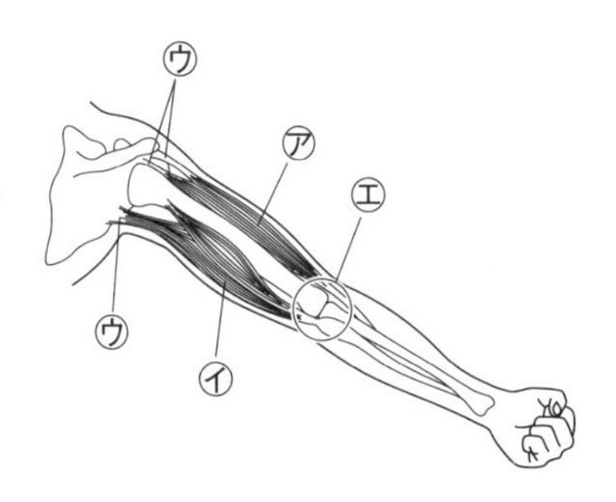

(1) うでを曲げるときに縮む筋肉は，㋐，㋑のどちらか。（　）

(2) 筋肉の両端にあり，骨についている㋒の部分を何というか。（　　　）

(3) ㋓の部分を何というか。（　　　）

よく出る **4** 右の図は，ヒトの感覚器官の断面を模式的に表したものである。これについて，次の問いに答えなさい。

4点×9〔36点〕

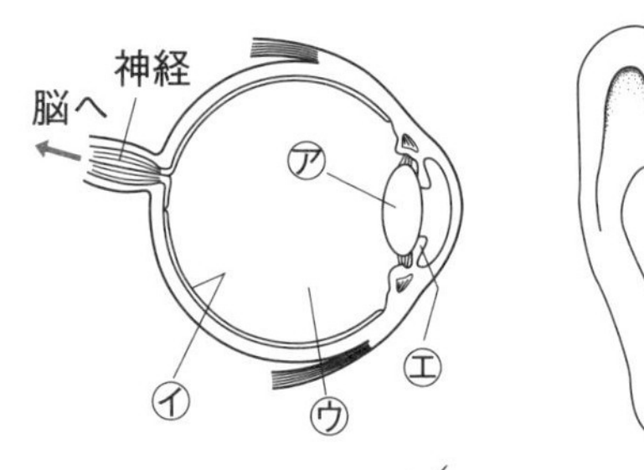

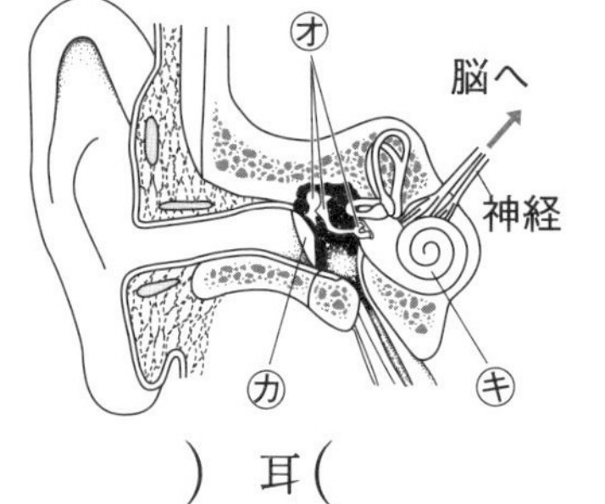

(1) 目や耳で受け取っている刺激はそれぞれ何か。　目（　　　）
耳（　　　）

(2) 目や耳で受け取った刺激により生じる感覚をそれぞれ何というか。　目（　　　）　耳（　　　）

(3) 目で，刺激を受け取るための感覚細胞があるのはどの部分か。図の㋐～㋓から選びなさい。また，そのつくりの名称も答えなさい。　記号（　　）　名称（　　　）

(4) 耳で，刺激を受け取るための感覚細胞があるのはどの部分か。図の㋔～㋖から選びなさい。また，そのつくりの名称も答えなさい。　記号（　　）　名称（　　　）

(5) 刺激が信号に変えられ，どこに伝えられると感覚が生じるか。　（　　　）

よく出る **5** 右の図は，刺激や命令の信号の伝わり方を模式的に表したものである。これについて，次の問いに答えなさい。

2点×8〔16点〕

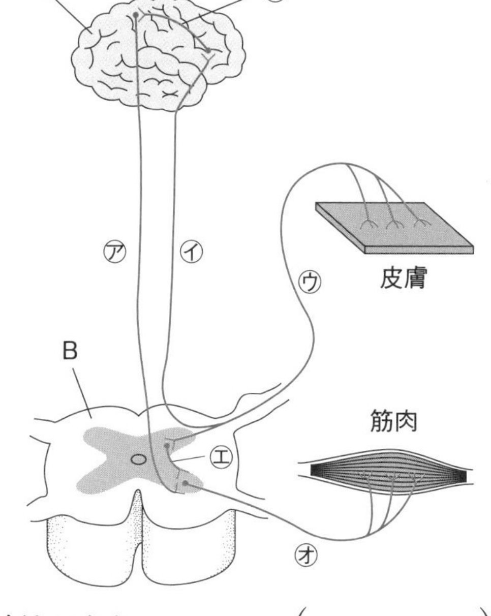

(1) 図のA，Bの部分をそれぞれ何というか。
A（　　　）
B（　　　）

(2) 図のAとBからなる神経を何というか。
（　　　）

(3) 図の㋒や㋔のように，(2)から枝分かれしている神経を何というか。
（　　　）

(4) 片手をにぎられてすぐにもう片方の手をにぎった。このとき，刺激を受けてから反応が起こるまで，信号はどのように伝わるか。㋐～㋕から必要な記号を選び，㋐→㋑→㋒のように表しなさい。
（　　　）

(5) 刺激に対して意識とは無関係に起こる反応を何というか。　（　　　）

(6) (5)の反応で，熱いものに手が触れたとき，信号はどのように伝わるか。㋐～㋕から必要な記号を選び，㋐→㋑→㋒のように表しなさい。　（　　　）

記述 (7) (5)の反応は，意識して起こす反応に比べて，刺激を受けてから反応するまでの時間が短い。このことは，どのようなことに役立っているか。
（　　　）

第１章　電流と電圧(1)

①回路
電流が流れる道すじ。電気回路ともいう。
②回路図
電気用図記号を用いて回路を表したもの。
③アンペア
電流の単位。記号はA。
④＋端子
電池の＋極側につなぐ電流計の端子。
⑤－端子
電池の－極側につなぐ電流計の端子。50mA, 500mA, 5Aの端子がある。

ミス注意！
電流計を直接電源につないではいけない。大きな電流が流れて，こわれてしまう。

⑥直列回路
枝分かれせずにつながっている回路。
⑦並列回路
途中で枝分かれしてつながっている回路。

テストに出る！ ココが要点　解答 p.8

① 回路を流れる電流

教 p.146～p.157

1 回路と電流の向き・回路図

(1) 回路　電流が流れる道すじを(①　　　　)(電気回路)といい，電流は，乾電池の＋極から出て－極に向かって流れる。回路を電気用図記号で表したものを(②　　　　)という。

●電気用図記号●

電池・電源	電　球	スイッチ	抵抗器・電熱線
㋐	㋑	─／ ─	─▭─
電流計	**電圧計**	**導線のまじわり(接続するとき)**	**導線のまじわり(接続しないとき)**
㋒	㋓	─●─	─┼─

2 電流・電流計の使い方

(1) 電流　電流の単位には，(③　　　　)(記号A)やミリアンペア(記号mA)が使われる。1A＝1000mA
回路に流れる電流の大きさは，豆電球を通る前後で変わらない。

(2) 電流計の使い方

❶ 回路の測定したい部分に直列につなぐ。
❷ 電源の＋極側を電流計の(④　　　　)に，電源の－極側を電流計の(⑤　　　　)につなぐ。
❸ 電流の大きさがわからないときは，－端子はいちばん大きい5Aの端子につなぐ。
❹ 指針のふれが小さいときは－端子をつなぎ変え，目盛りを読む。

3 直列回路と並列回路の電流

(1) (⑥　　　　)…枝分かれしないでつながっている回路。電流の大きさはどこも同じ。

(2) (⑦　　　　)…枝分かれしてつながっている回路。枝分かれする前の電流の大きさは，枝分かれしたあとの電流の和に等しく，合流後の電流の大きさとも等しい。

図１

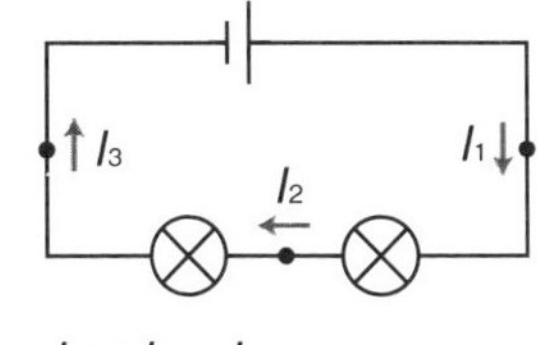

$I_1 = I_2 = I_3$

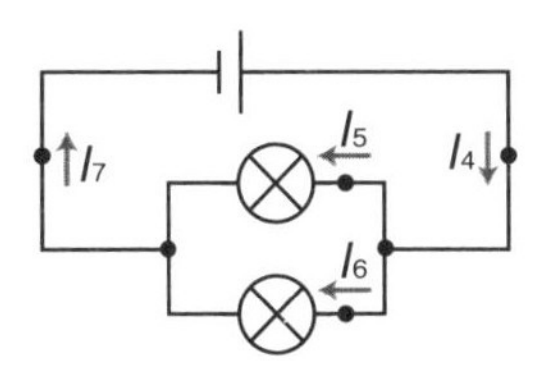

$I_4 = I_5 + I_6 = I_7$

ココが要点の答えになります。

② 回路にかかる電圧

教 p.158～p.166

1 電圧・電圧計の使い方

(1) (⑧　　　　　) 回路に電流を流そうとするはたらきの大きさ。電圧の単位には(⑨　　　　　)(記号V)が使われる。

(2) 電圧計の使い方

❶ 回路の測定したい部分に(⑩　　　　)につなぐ。

❷ 電源の＋極側を電圧計の＋端子に，電源の－極側を電圧計の－端子につなぐ。

❸ 電圧の大きさがわからないときは，－端子はいちばん大きい300Vの端子につなぐ。

❹ 指針のふれが小さいときは－端子をつなぎ変え，目盛りを読む。

図２ ●電流計と電圧計をつないだ回路と回路図●

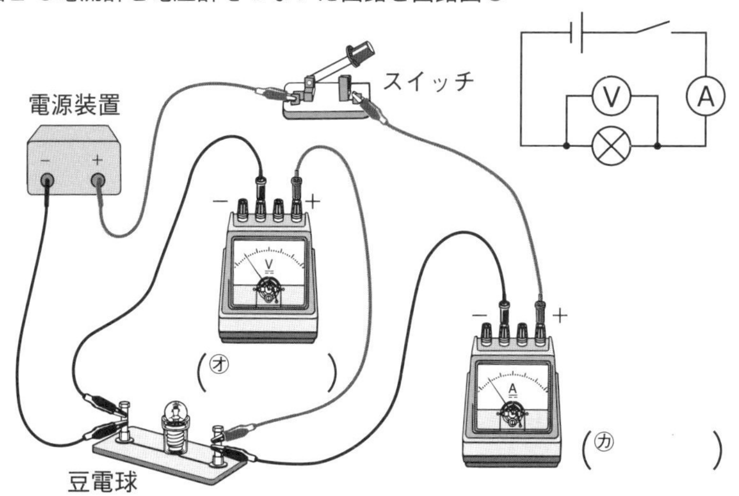

2 直列回路と並列回路の電圧

(1) 直列回路の電圧…各部分にかかる電圧の和は，回路全体にかかる電圧や電源の電圧に等しい。

(2) 並列回路の電圧…枝分かれした各部分にかかる電圧は，回路全体にかかる電圧や電源の電圧に等しい。

図３

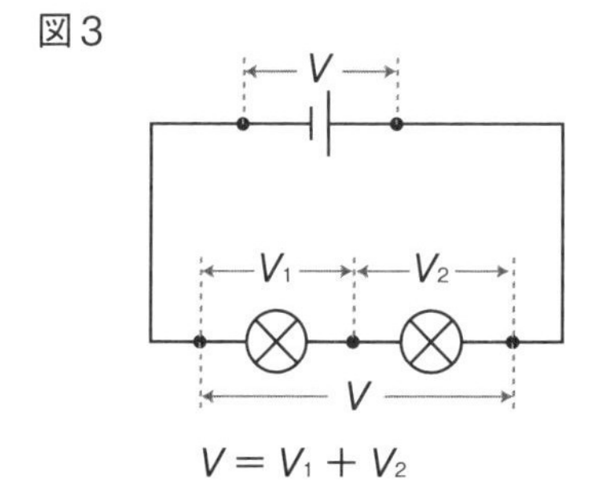

$V = V_1 + V_2$

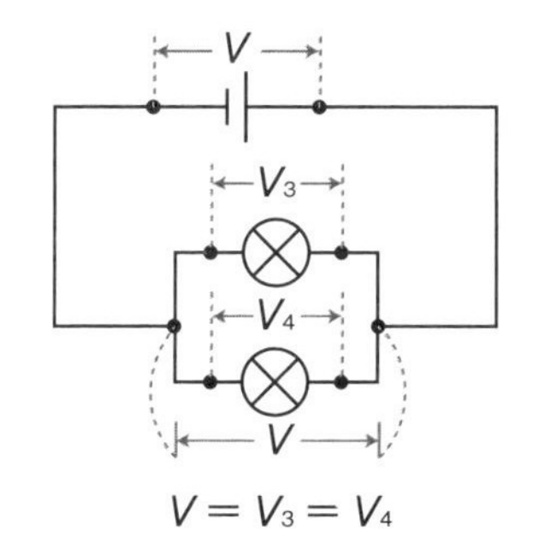

$V = V_3 = V_4$

満点ミッション

⑧電圧
回路に電流を流そうとするはたらきの大きさ。

⑨ボルト
電圧の単位。記号はV。

⑩並列
電圧計を回路につなぐときのつなぎ方。

ミス注意！
電圧計と電流計はつなぎ方が異なる。
電流計…直列
電圧計…並列

ポイント
家庭の電気配線はすべて並列回路になっている。どの電気製品にも100Vの電圧をかけることができる。

解答 p.8

テストに出る！

予想問題　第１章　電流と電圧(1)

30分　/100点

1 電流計と電圧計について，次の問いに答えなさい。　4点×8〔32点〕

作図 (1) 電流計と電圧計の電気用図記号をかきなさい。

電流計（　　　　　）　電圧計（　　　　　）

(2) 電流計や電圧計を回路の測定したい部分につなぐとき，直列と並列のどちらでつなぐか。

電流計（　　　　　）

電圧計（　　　　　）

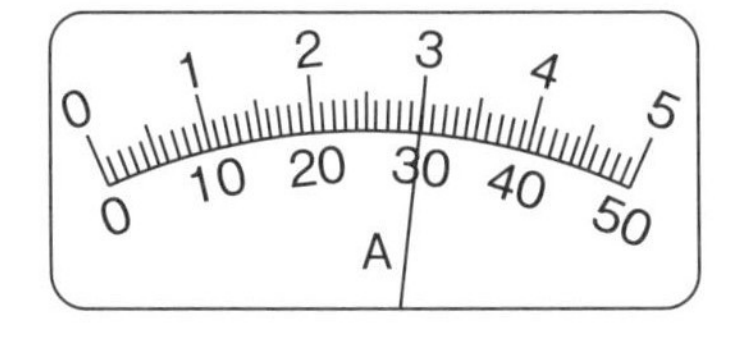

(3) 測定する電流や電圧の大きさがわからないとき，どの－端子につなぐか。次のア～カからそれぞれ選びなさい。　電流計（　　）　電圧計（　　）

ア　50mA　　イ　500mA　　ウ　5 A

エ　3 V　　オ　15V　　カ　300V

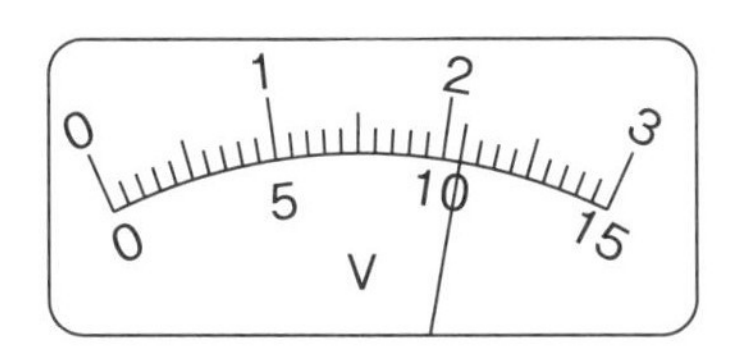

(4) 右の図は，500mAと15Vの－端子を使ったときの電流計と電圧計の指針のふれと目盛りを表したものである。このときの電流と電圧の大きさをそれぞれ読み取りなさい。

電流（　　　　　）　電圧（　　　　　）

2 下の図は，豆電球２個をつなぎ，回路を流れる電流の大きさについて調べたものである。これについて，あとの問いに答えなさい。　4点×7〔28点〕

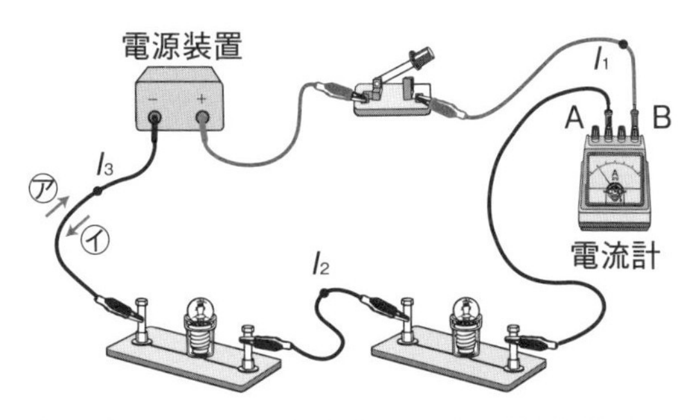

(1) 図のようなつなぎ方をした回路を何というか。　（　　　　　）

作図 (2) 図の回路を，□に回路図で表しなさい。

(3) スイッチを入れたとき，電流は図の㋐，㋑のどちらの向きに流れるか。　（　　）

(4) 電流計の＋端子は，A，Bのどちらか。　（　　）

(5) スイッチを入れて電流I_1を測定すると，350mAだった。このとき，電流I_2，I_3の大きさをそれぞれ求めなさい。　I_2（　　　　　）　I_3（　　　　　）

(6) 図の電流I_1，I_2，I_3の関係を式に表すと，どのようになるか。次のア～エから選びなさい。　（　　）

ア　$I_1 = I_2 = I_3$　　イ　$I_1 = I_2 + I_3$　　ウ　$I_2 = I_1 + I_3$　　エ　$I_3 = I_1 + I_2$

よく出る **3** 下の図は，豆電球２個をつなぎ，回路を流れる電流の大きさについて調べたものである。これについて，あとの問いに答えなさい。 4点×5〔20点〕

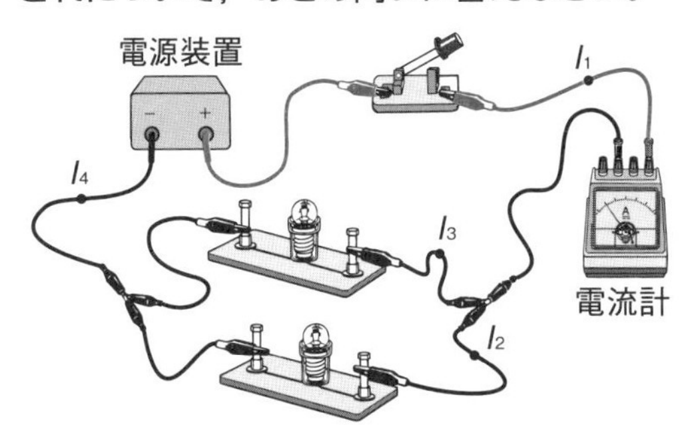

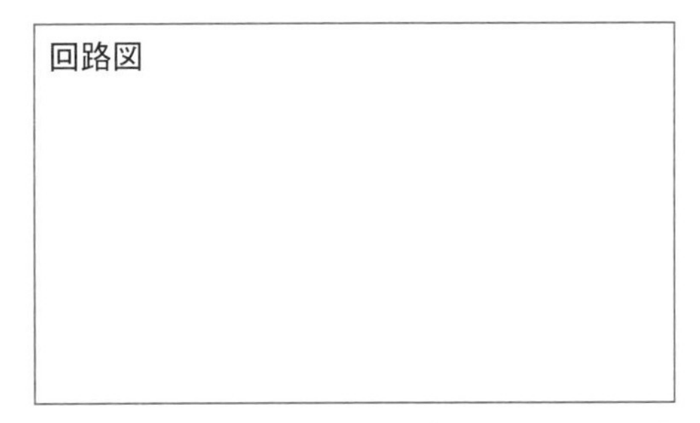

(1) 図のようなつなぎ方をした回路を何というか。 (　　　　)

作図 (2) 図の回路を，□に回路図でかきなさい。

(3) スイッチを入れて電流I_1を測定すると360mAだった。電流計のつなぎ方をかえ，電流I_2の大きさを測定すると240mAだった。このとき，電流I_3, I_4の大きさをそれぞれ求めなさい。

I_3(　　　　) I_4(　　　　)

(4) 図の電流I_1，I_2，I_3，I_4の関係を式に表すと，どのようになるか。次の**ア**～**ウ**から選びなさい。 (　　)

ア $I_1=I_2=I_3=I_4$　**イ** $I_1=I_2+I_3+I_4$　**ウ** $I_1=I_2+I_3=I_4$

よく出る **4** いろいろな豆電球を使って，下の図のような回路をつくり，電圧の大きさを調べた。これについて，あとの問いに答えなさい。 4点×5〔20点〕

図１

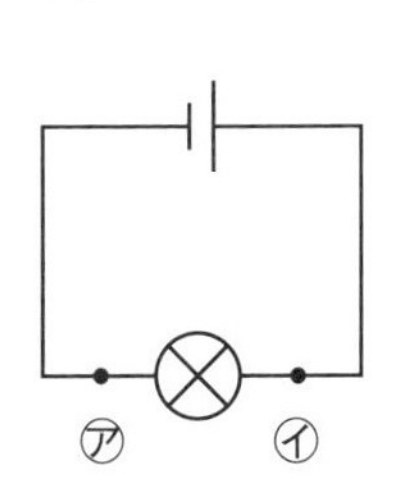

図２

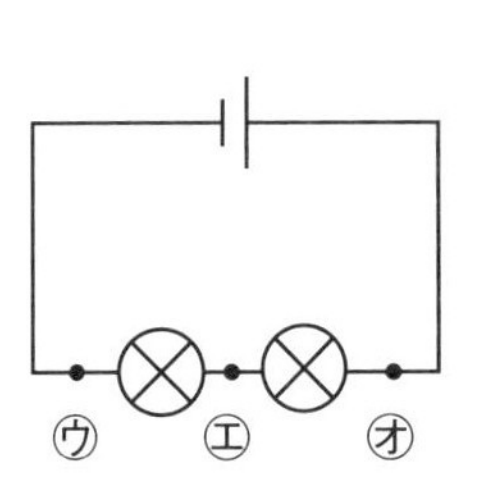

図３

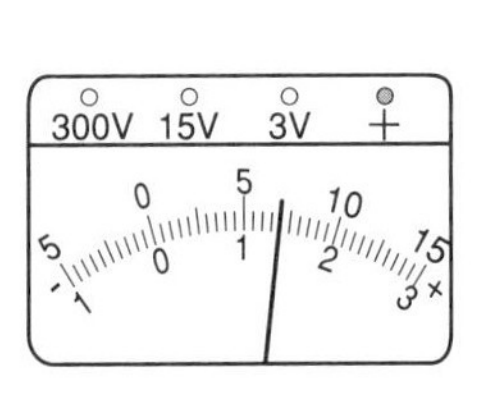

図４

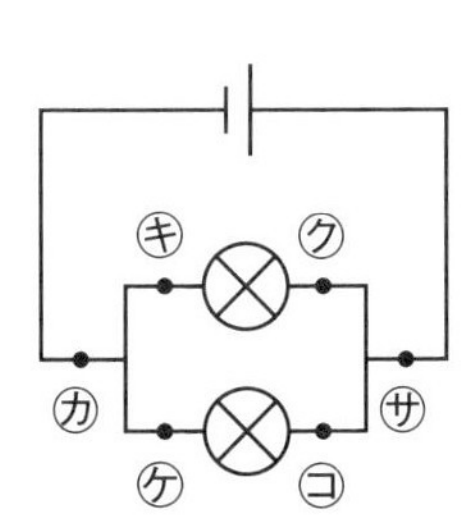

(1) 図１で，㋐㋑間にかかる電圧と電源にかかる電圧には，どのような関係があるか。

(　　　　　　　　)

(2) 図２で，㋒㋓間にかかる電圧をはかると，電圧計の目盛りが図３のようになった。このときの電圧は何Vか読み取りなさい。ただし，電圧計は３Vの－端子につないでいるものとする。 (　　　　)

(3) 次に，図２の㋓㋔間にかかる電圧をはかると，1.50Vであった。このとき，㋒㋔間にかかる電圧の大きさを求めなさい。 (　　　　)

(4) 図４で，㋖㋗間にかかる電圧は2.00Vであった。このとき，㋘㋙間，㋕㋚間にかかる電圧の大きさをそれぞれ求めなさい。 ㋘㋙間(　　　　) ㋕㋚間(　　　　)

2-3 電流とそのはたらき

第１章　電流と電圧(2)

①**オームの法則**
金属線を流れる電流の大きさは，金属線にかかる電圧に比例するという法則。

②**電気抵抗**（でんきていこう）
電流の流れにくさ。

③**オーム**
抵抗の単位。記号はΩ。

ポイント
図１の抵抗器Aと抵抗器Bでは，Aの方が電流が流れにくい。6Vの電圧をかけたとき，Aは200mA流れ，Bは400mA流れている。

④**導体**（どうたい）
電流が流れやすい物質。

⑤**不導体**（ふどうたい）
電流が流れにくい物質。

テストに出る！　ココが要点　解答 p.9

① 電圧と電流の関係　教 p.167〜p.173

1 オームの法則

(1)（①　　　　　　）
金属線を流れる電流の大きさは，金属線にかかる**電圧**に比例するという法則。

図１ ●電圧と電流の関係●

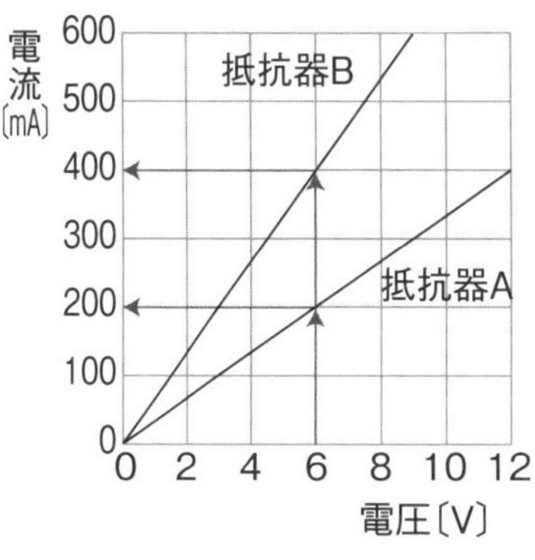

(2)（②　　　　　　）（抵抗（ていこう））
電流の流れにくさのこと。
単位には（③　　　　　）（記号**Ω**）が使われる。

(3) オームの法則を表す式
抵抗と電圧と電流の関係を式に表すと，次のようになる。

抵抗R〔Ω〕＝$\dfrac{\text{電圧}V\text{〔V〕}}{\text{電流}I\text{〔A〕}}$　　電流I〔A〕＝$\dfrac{\text{電圧}V\text{〔V〕}}{\text{抵抗}R\text{〔Ω〕}}$

電圧V〔V〕＝**抵抗R**〔Ω〕×**電流I**〔A〕

(4) 抵抗のつなぎ方

図２ ●抵抗の直列回路●

R
R_1　R_2

●抵抗の直列回路…２つの抵抗(R_1，R_2)を直列につないだときの全体の抵抗の大きさRは，それぞれの抵抗の和になる。

$R = R_1 + R_2$

●抵抗の並列回路●

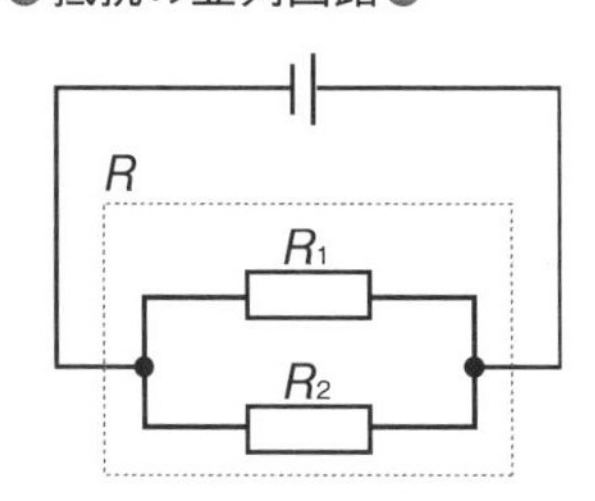

●抵抗の並列回路…２つの抵抗(R_1，R_2)を並列につないだときの全体の抵抗の大きさRは，それぞれの抵抗よりも小さくなる。

$$\frac{1}{R} = \frac{1}{R_1} + \frac{1}{R_2}$$

2 物質の種類と抵抗

(1)（④　　　　　）…抵抗が**小さく**電流が流れやすい物質。
例 銀，銅，鉄，ニクロム

(2)（⑤　　　　　）…抵抗が**大きく**電流が流れにくい物質。
絶縁体（ぜつえんたい）ともいう。例 ガラス，ゴム

ココが要点の答えになります。

② 電気エネルギーと電力

教 p.174〜p.181

1 電力

(1) (⑥　　　　　) 電気器具で，１秒間当たりに消費される**電気エネルギー**のこと。単位には(⑦　　　　　)(記号W)が使われる。

電力P〔W〕= **電圧V**〔V〕× **電流I**〔A〕

１W…１Vの電圧をかけて１Aの電流が流れたときの電力。

図３

2 熱量（ねつりょう）と電力量（でんりょくりょう）

(1) 電熱線の発熱量

図４

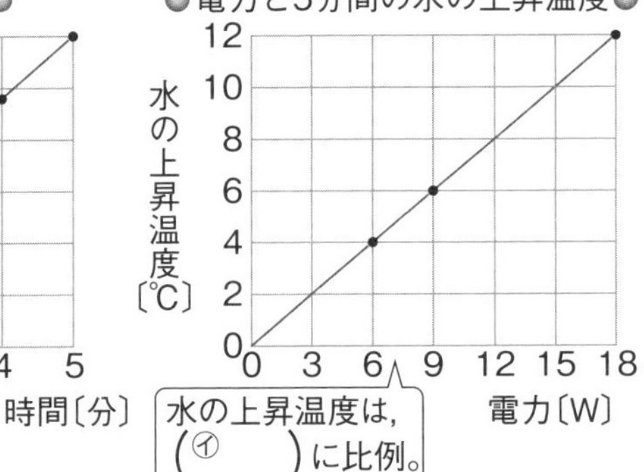

実験結果

時間(分)	1	2	3	4	5
水の上昇温度(℃)	2.4	4.8	7.2	9.6	12.0

電力(W)	6	9	18
5分間の水の上昇温度(℃)	4.0	6.0	12.0

(2) **熱量**　熱の量。単位には(⑧　　　　　)(記号J)が使われる。

熱量Q〔J〕= **電力P**〔W〕× **時間t**〔s〕

１J…電力１Wの電熱線から１秒間に発生する熱量。

(3) (⑨　　　　　) ある時間に消費された電気エネルギーの総量のこと。単位には**ジュール**(記号J)や(⑩　　　　　)(記号Ws)，**ワット時**(記号Wh)，(⑪　　　　　)(記号kWh)などが使われる。

電力量W〔J〕= **電力P**〔W〕× **時間t**〔s〕

１Wh…１Wの電力を１時間消費したときの電力量。3600J(Ws)。

満点★ミッション

⑥**電力**
電気器具で１秒間当たりに消費される電気エネルギー。

⑦**ワット**
電力の単位。記号はW。

⑧**ジュール**
熱量や電力量の単位。記号はJ。

⑨**電力量**
ある時間に消費された電気エネルギーの総量。単位はJ，Ws，Wh，kWhなど。

⑩**ワット秒**
電力量の単位の１つ。記号はWs。

⑪**キロワット時**
電力量の単位の１つ。記号はkWh。

ポイント

電力量の単位
1 J＝1 Ws
1 Wh＝3600Ws
1 kWh＝1000Wh

解答 p.9

テストに出る！

予想問題　第１章　電流と電圧(2)－①

30分

/100点

1 図１のような回路をつくり，抵抗器にかかる電圧と抵抗器に流れる電流を測定し，図２のグラフに表した。これについて，あとの問いに答えなさい。　3点×3〔9点〕

図１

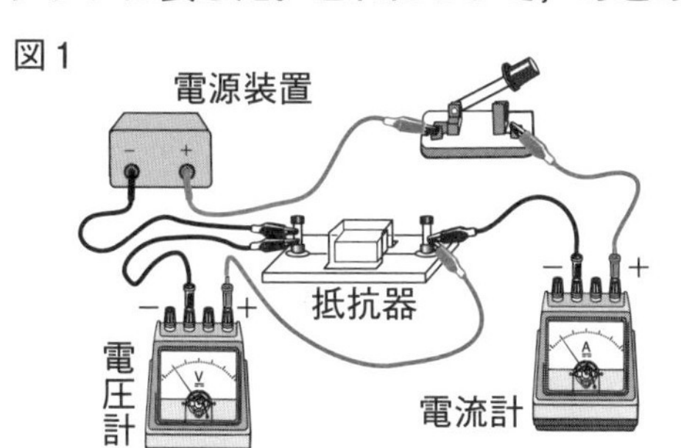

図２

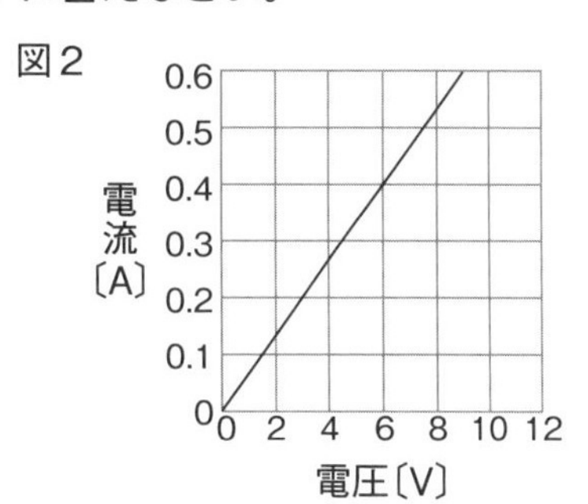

(1) 抵抗器に６Vの電圧をかけたとき，何Aの電流が流れるか。（　　　）

(2) 抵抗器に0.2Aの電流を流すには，何Vの電圧をかければよいか。（　　　）

(3) 抵抗器の抵抗は何Ωか。（　　　）

よく出る **2** 下の表は，抵抗器A，Bに電圧をかけたときの電流の大きさを調べた結果である。これについて，あとの問いに答えなさい。　3点×9〔27点〕

電　圧	1.5V	3.0V	4.5V	6.0V
抵抗器A	100mA	200mA	300mA	400mA
抵抗器B	50mA	100mA	150mA	200mA

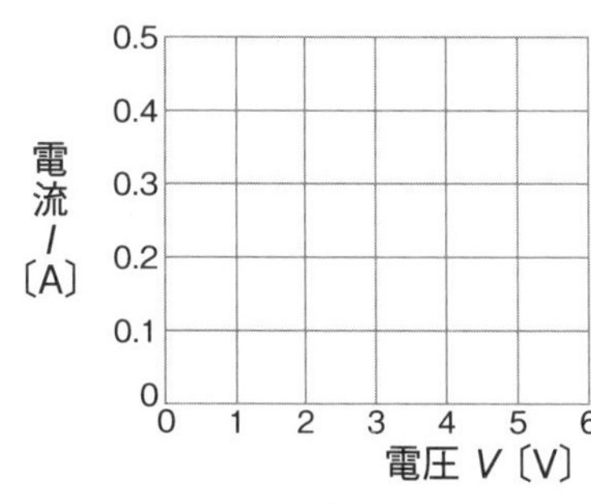

作図 (1) 抵抗器AとBについて，得られた結果を右のグラフに表しなさい。

(2) この結果から，抵抗器を流れる電流の大きさと抵抗器にかかる電圧にはどのような関係があるとわかるか。（　　　）

(3) (2)のような関係を，何の法則というか。（　　　）

(4) 電流が流れにくいのは，抵抗器A，Bのどちらか。（　　　）

(5) 抵抗が大きいのは，抵抗器A，Bのどちらか。（　　　）

(6) 抵抗器Bの抵抗の大きさを求めなさい。（　　　）

(7) 右の図について，①～③のときの電流，電圧，抵抗の大きさを求めなさい。

① 電源の電圧６V，抵抗20Ωのときの電流I。（　　　）

② 電流500mA，抵抗10Ωのときの電源の電圧V。（　　　）

③ 電源の電圧4.5V，電流0.5Aのときの抵抗R。（　　　）

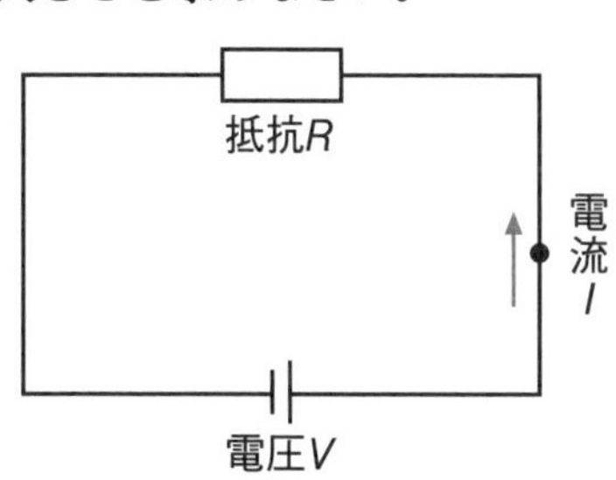

3 下の図1，2のように，10Ωの抵抗器2本をつないで回路をつくった。これについて，あとの問いに答えなさい。　　4点×5〔20点〕

図1　　図2

A　㋐

(1) 図1で，回路全体の抵抗は何Ωか。　（　　　）
(2) 図1で，電源の電圧を10Vにした。回路に流れる電流は何Aか。　（　　　）
(3) 図2で，電源の電圧を10Vにした。抵抗器Aにかかる電圧は何Vか。　（　　　）
(4) (3)のとき，㋐の点を流れる電流は何Aか。　（　　　）
(5) 図2で，回路全体の抵抗は何Ωか。　（　　　）

よく出る **4** 右の図のような回路について，次の問いに答えなさい。　　4点×5〔20点〕

(1) ㋐を流れる電流は何Aか。　（　　　）
(2) ㋐の抵抗は何Ωか。　（　　　）
(3) ㋑にかかる電圧は何Vか。　（　　　）
(4) ㋑の抵抗は何Ωか。　（　　　）
(5) AB間の全体の抵抗は何Ωか。　（　　　）

A　㋐　㋑　B
V
7.5V
0.5A
10.0V

5 下の(1)～(6)の回路図の電流I，電圧V，抵抗Rの大きさを求めなさい。　　4点×6〔24点〕

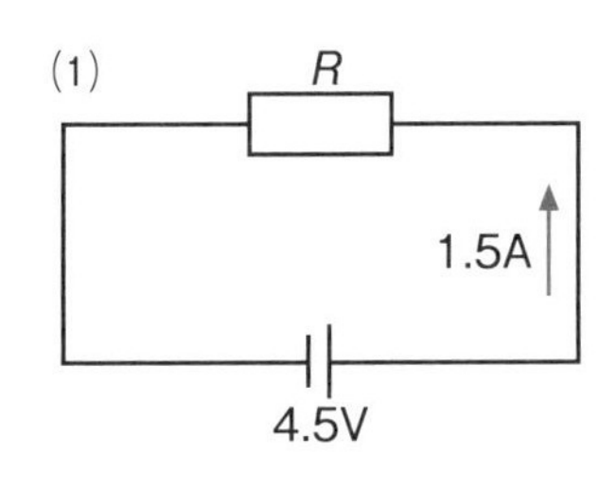

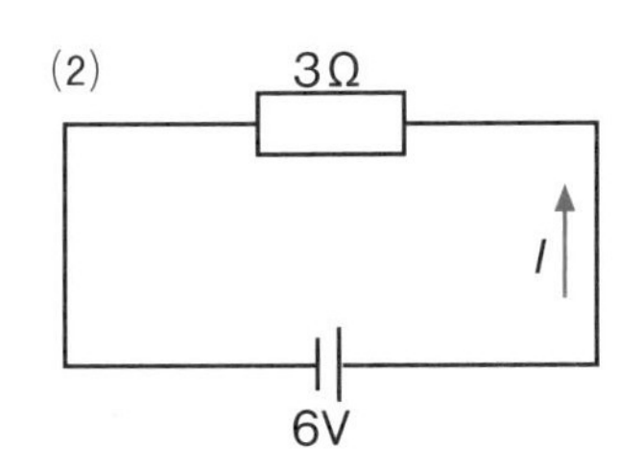

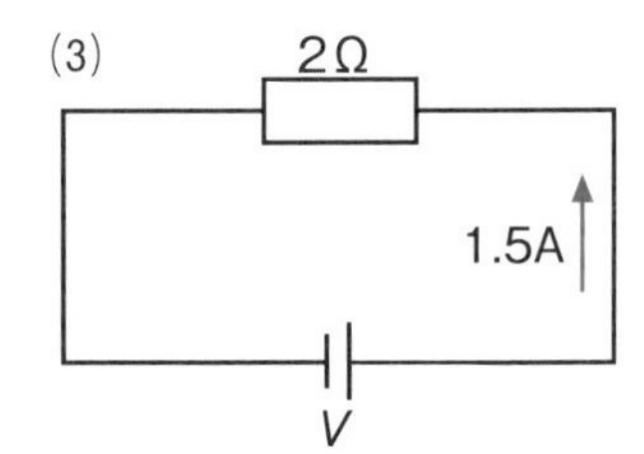

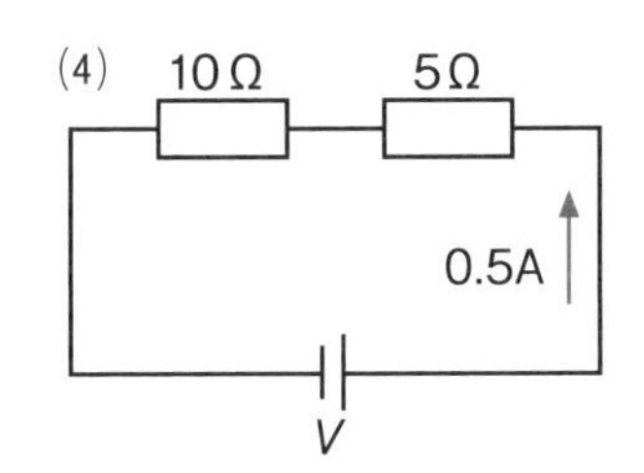

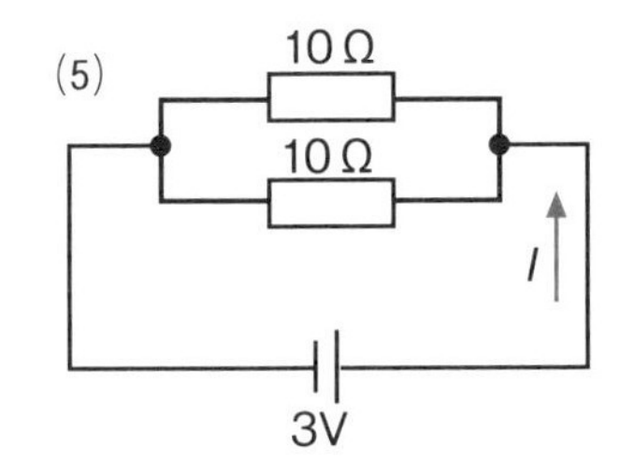

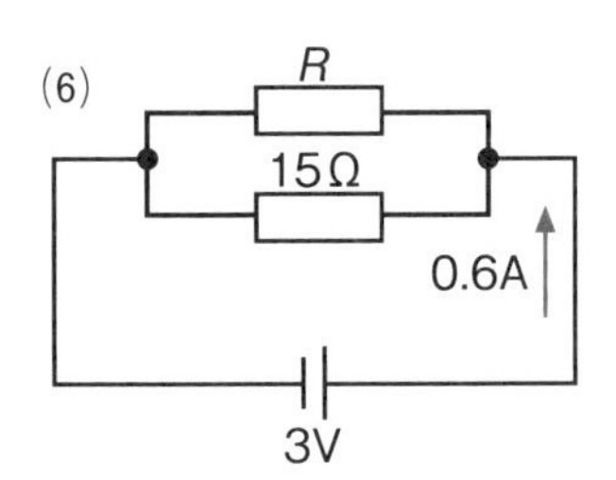

(1) R＝（　　　）　(2) I＝（　　　）　(3) V＝（　　　）
(4) V＝（　　　）　(5) I＝（　　　）　(6) R＝（　　　）

テストに出る！

予想問題　第1章　電流と電圧(2)－②

30分　/100点

1 右の表は，いろいろな物質の抵抗を示したものである。これについて，次の問いに答えなさい。　4点×5〔20点〕

(1) 電流が流れやすい物質のことを何というか。（　　　）

(2) 電流が流れにくい物質のことを何というか。（　　　）

(3) 表の物質の中で，(2)にあてはまるものを2つ選びなさい。（　　　）（　　　）

(4) (1)と(2)の中間の性質をもつ物質を何というか。（　　　）

物質の抵抗

物質	抵抗〔Ω〕
銀	0.015
銅	0.016
アルミニウム	0.025
鉄	0.089
ニクロム	1.1
ガラス	10^{9}～10^{16}以上
ゴム	10^{10}～10^{15}

（断面積1 mm^2，長さ1 m）

よく出る **2** 下の図のような回路で，水100gを熱した。電源の電圧が6V，電流計が1.5Aを示していた。グラフは，このときの水の温度と時間の関係を表している。これについて，あとの問いに答えなさい。　4点×8〔32点〕

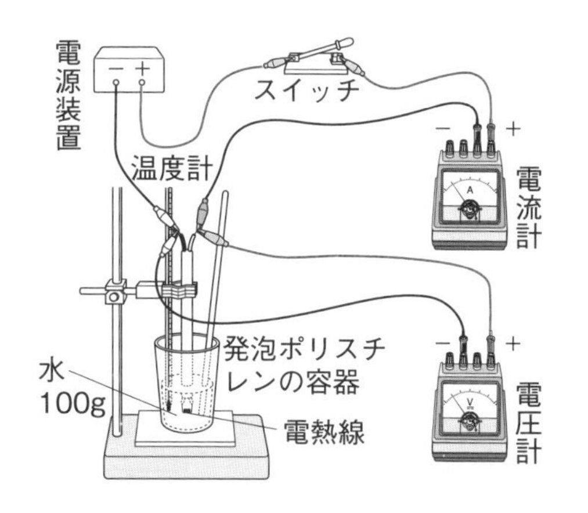

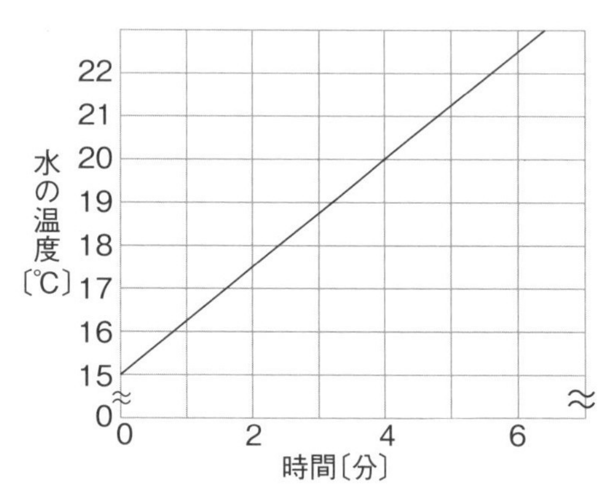

(1) この実験で用いた電熱線の抵抗は何Ωか。（　　　）

(2) 電熱線で消費される電気エネルギーを何というか。漢字2文字で答えなさい。（　　　）

(3) 電熱線で消費される(2)の大きさを求めなさい。（　　　）

(4) この回路に4分間電流を流した。このとき，電熱線で消費された電力量を求めなさい。（　　　）

(5) 4分間電流を流したとき，電熱線で発生した熱量は何Jか。（　　　）

(6) 4分間電流を流したとき，水の温度上昇に使われた熱量はいくらになるか。グラフより計算して求めなさい。ただし，水1gの温度を1℃上昇させるのに使われる熱量を4.2Jとする。（　　　）

(7) 電源の電圧を12Vにすると，流れる電流は何Aか（　　　）

(8) (7)のとき，電熱線で消費される(2)の大きさは何Wか。（　　　）

3 右の図のように，2Ωの電熱線を水100gの中に入れ，電力を変えて5分後の水の温度を調べた。表は実験の結果である。これについて，あとの問いに答えなさい。

4点×6〔24点〕

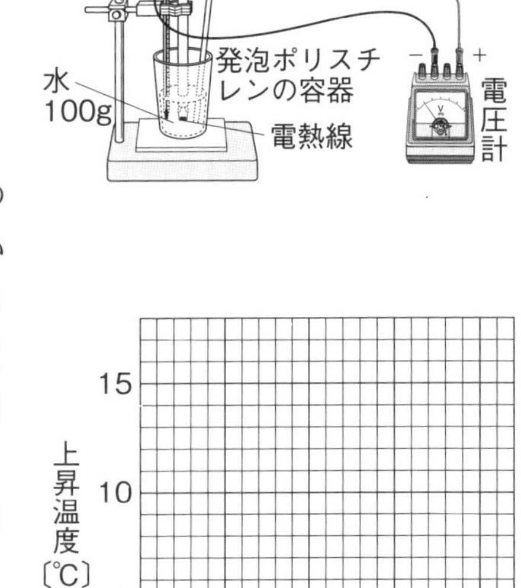

電力(W)	4.5	6	9	18
開始前の水温(℃)	16.0	16.0	16.0	16.0
5分後の水温(℃)	19.2	20.4	22.5	29.0

(1) 4.5Wの電力を消費したとき，電熱線には3.0Vの電圧がかかっていた。このとき，電熱線に流れていた電流はいくらか。 (　　　)

(2) (1)のとき，5分間に電熱線で発生した熱量はいくらか。 (　　　)

(3) (1)のとき，5分間で水温は何℃上昇したか。 (　　　)

作図 (4) 表の結果を右のグラフに表しなさい。

上昇温度〔℃〕 0 5 10 15
電力〔W〕 0 5 10 15 20

(5) この実験の結果から，電力と発生した熱量にはどのような関係があるとわかるか。 (　　　)

(6) 電流を流す時間を長くすると，電熱線から発生する熱量はどのようになるか。次のア〜ウから選びなさい。 (　　)

ア 大きくなる　**イ** 小さくなる　**ウ** 変わらない

4 右の図は，ある家庭の電気器具の配線のようすを表したものである。これについて，次の問いに答えなさい。

4点×6〔24点〕

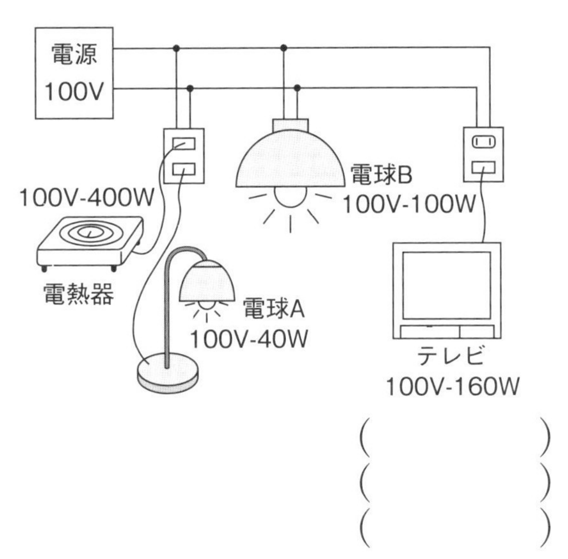

(1) 図の電熱器に流れる電流の大きさを求めなさい。 (　　　)

(2) 図の4つの電気器具をすべて同時に使うとき，全体の消費電力はいくらになるか。 (　　　)

(3) 図の中で，2時間使用したときに消費される電力量が最も大きい電気器具はどれか。 (　　　)

(4) (3)で選んだ電気器具を2時間使ったときに消費された電力量は何Jか。 (　　　)

(5) (4)の電力量は何Whと表せるか。 (　　　)

(6) (4)の電力量は何kWhと表せるか。 (　　　)

2-3 電流とそのはたらき

第2章　電流と磁界

①磁力
磁石による力。

②磁界
磁力のはたらく空間にある。鉄粉や磁針で調べると，そのようすがわかる。

③磁力線
磁界の向きを結んだひとつながりの曲線。N極からS極の向きに矢印をつける。途中で分かれたり，ほかの磁力線と交わったりしない。また，磁力線の間隔がせまいところほど磁界が強い。

④電流
磁界の強さに関係するものの1つ。この大きさが大きいほど磁界も強くなる。

ポイント
コイルの内側は，磁力線が集まるので，磁力が強くなっている。

テストに出る！ ココが要点　解答 p.11

① 電流と磁界

教 p.182～p.200

1 磁石のまわりの磁界

(1) (① 　　　) 磁石による力のこと。磁力のはたらく空間には(② 　　　)があるという。磁界の中で，磁針のN極が指す向きを磁界の向きという。

(2) (③ 　　　) 磁界の向きをなめらかに結んだ曲線。N極からS極に向かう向きに矢印をつける。

図1 ●棒磁石のまわりの磁力線●

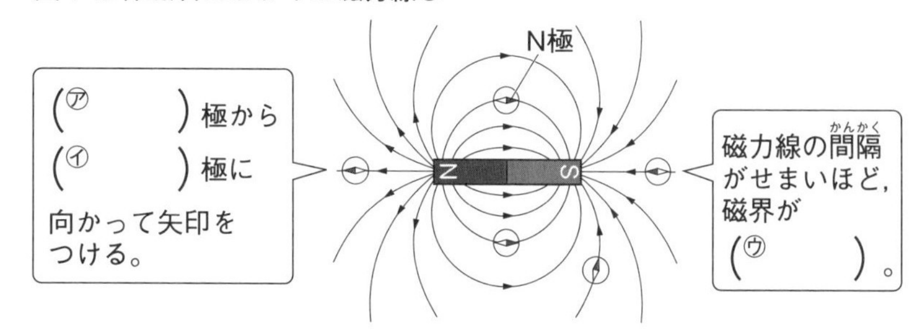

2 電流がつくる磁界

(1) 導線のまわりの磁界　導線のまわりには，電流の向きに右ねじを進ませるときの，ねじを回す向きに磁界ができる。

(2) コイルの磁界　右手の4本の指を電流の向きに合わせてコイルをにぎったとき，親指の向きがコイルの中の磁界の向きになる。

(3) 磁界の強さを強くする方法

- コイルの巻数を多くする。
- (④ 　　　)の大きさを大きくする。

(4) 磁界の向きを逆にする方法　電流の向きを逆にする。

図2 ●導線のまわりの磁界●

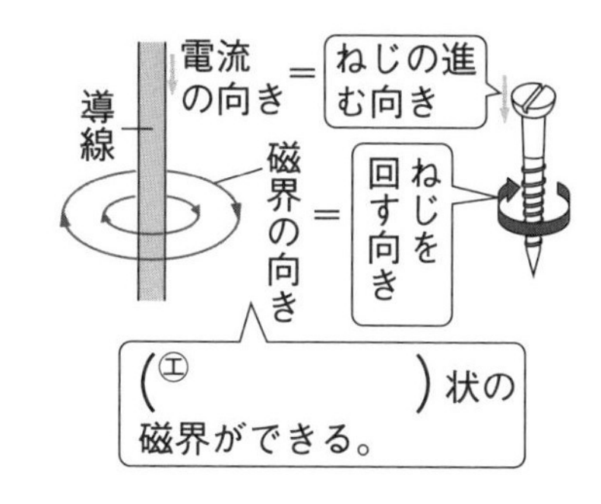

●コイルのまわりの磁界●

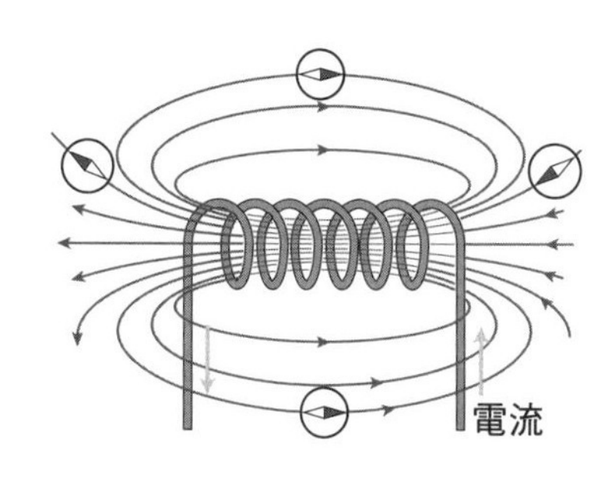

ココが要点の答えになります。

3 電流が磁界から受ける力

(1) 電流が磁界から受ける力　磁界の中を流れる電流は，磁界から力を受ける。その向きは，電流の向きと（⑤　　　　　）によって決まる。モーターはこのしくみを利用している。　図3

(2) 力の向きを逆にする方法
- 電流の向きを逆にする。
- 磁界の向きを逆にする。

(3) 力を強くする方法
- 電流を大きくする。
- 磁石の磁力を強くする。

図3

磁界　力　電流　S　N

電流を逆にする。

磁界　電流　力　S　N

受ける力の向きが（㋔　　　）になる。

4 電磁誘導（でんじゆうどう）

(1) （⑥　　　　　）　コイルの中の磁界の変化によって，コイルに電流を流そうとする電圧が生じ，電流が流れる現象。電磁誘導によって流れる電流を（⑦　　　　　）という。発電機は，電磁誘導のしくみを利用している。　図4

(2) 誘導電流（ゆうどうでんりゅう）の向きを逆にする方法
- 磁石を動かす方向を逆にする。
（磁界をしだいに強くするか，しだいに弱くするかを変える。）
- 磁石の向きを逆にする。

(3) 電流を大きくする方法
- コイルの巻数を多くする。
- 磁界の変化を大きくする。
（磁石を速く動かす。）

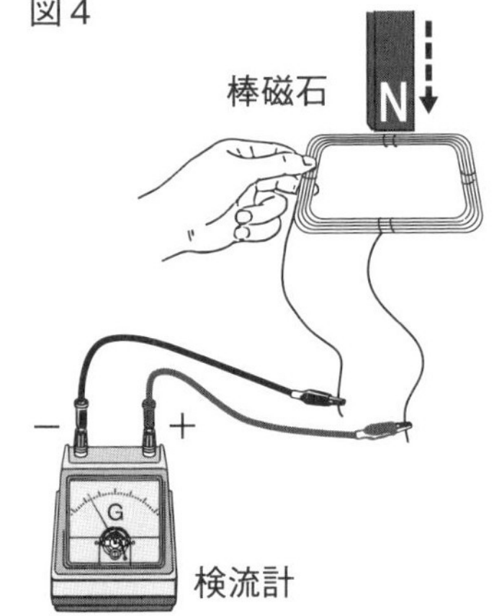

2 交流と直流

教 p.201〜p.203

1 交流（こうりゅう）と直流（ちょくりゅう）

(1) （⑧　　　　　）　家庭のコンセントからの電流のように，周期的に流れる向きが変わる電流。
- （⑨　　　　　）…交流での1秒間当たりの周期の回数。単位には（⑩　　　　　）（記号Hz）を使う。

図5 ●発光ダイオードの光り方●

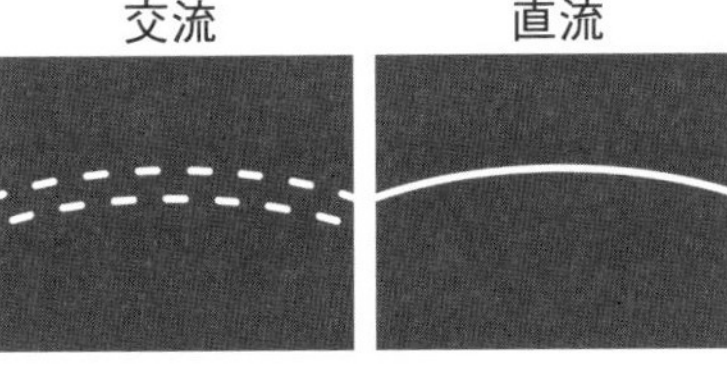

(2) （⑪　　　　　）　乾電池からの電流のように，流れる向きが一定の電流。

満点ミッション

⑤磁界の向き
磁界の中を流れる電流が磁界から受ける力の向きを決めるものの1つ。磁石の向きによって決まる。

⑥電磁誘導
コイルの中の磁界を変化させたときに電圧が生じ，電流が流れる現象。

⑦誘導電流
電磁誘導で流れる電流。

ポイント
検流計では，電流が＋側から流れ込むと右に，－側から流れこむと左に指針がふれる。

⑧交流
電流の向きが短い時間で逆になる電流。電流の向きが変わって，またもどるまでを周期という。

⑨周波数（しゅうはすう）
交流で，1秒間当たりの周期の回数。

⑩ヘルツ
周波数の単位。記号はHz。交流の周波数は，東日本では50Hz，西日本では60Hzである。

⑪直流
流れる向きが常に一定の電流。

解答 p.11

テストに出る！

予想問題　第２章　電流と磁界

30分　/100点

1 磁石の性質について，次の問いに答えなさい。

3点×8〔24点〕

図１

図２

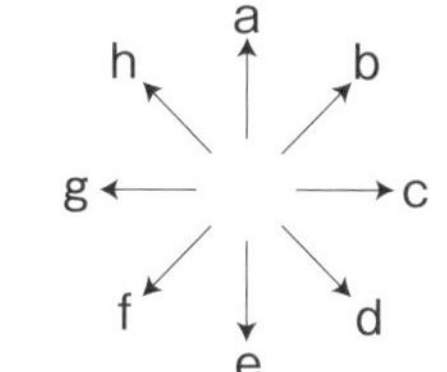

(1) 磁石による力を何というか。（　　　　）

(2) 磁石による力がはたらく空間には，何があるか。（　　　　）

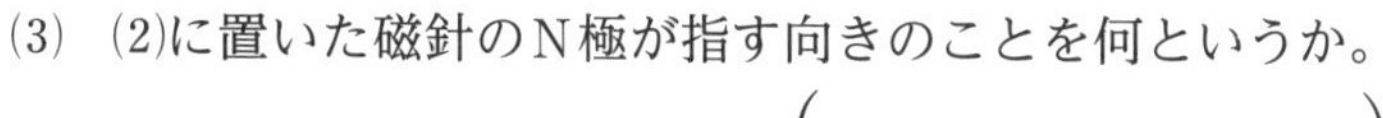

(3) (2)に置いた磁針のＮ極が指す向きのことを何というか。（　　　　）

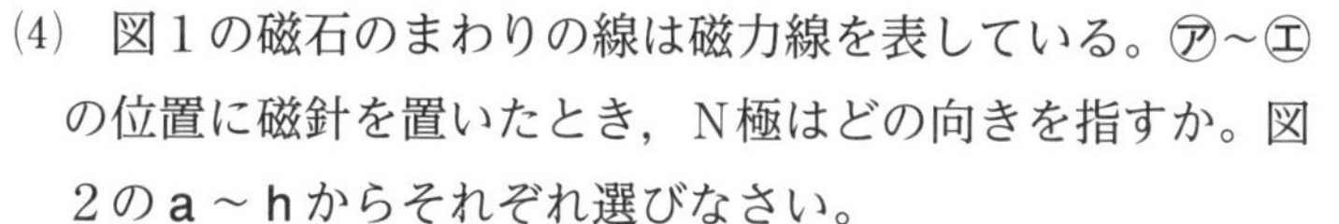

(4) 図１の磁石のまわりの線は磁力線を表している。㋐〜㋓の位置に磁針を置いたとき，Ｎ極はどの向きを指すか。図２のａ〜ｈからそれぞれ選びなさい。

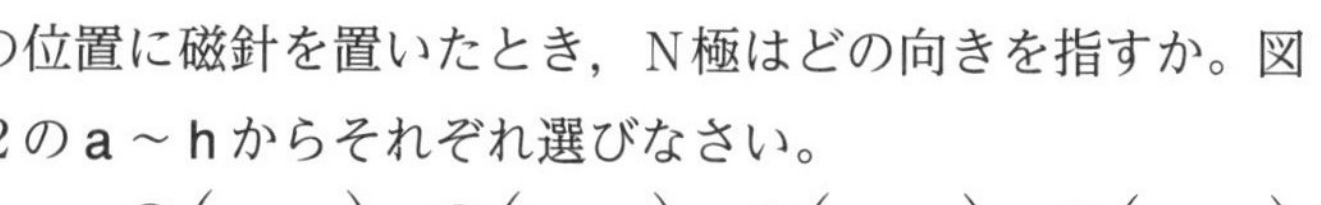

㋐（　　）　㋑（　　）　㋒（　　）　㋓（　　）

(5) 磁界が強いところでは，磁力線の間隔はどのようになっているか。（　　　　）

2 コイルを流れる電流がつくる磁界について，次の問いに答えなさい。

よく出る

3点×10〔30点〕

図１

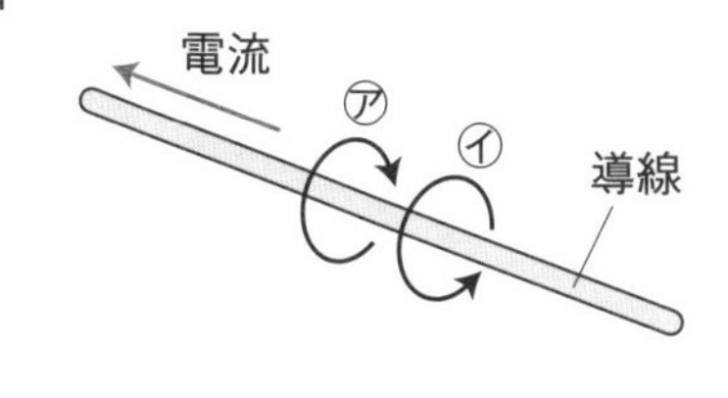

(1) 図１で，導線に矢印の向きに電流を流した。このときできる磁界の向きは，㋐，㋑のどちらか。（　　）

(2) 図１で，導線のまわりにはどのような形状の磁界ができるか。（　　　　）

図２

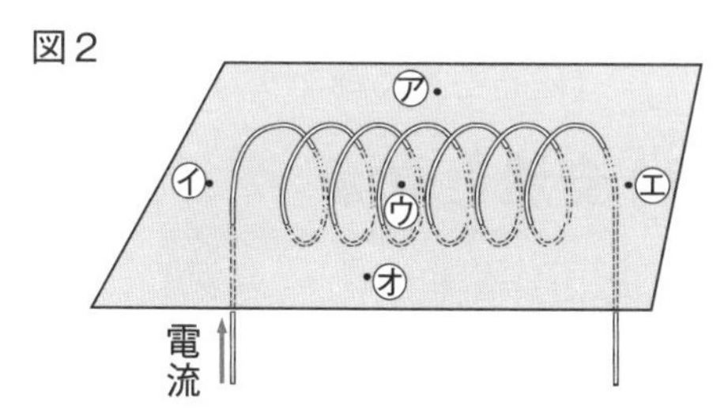

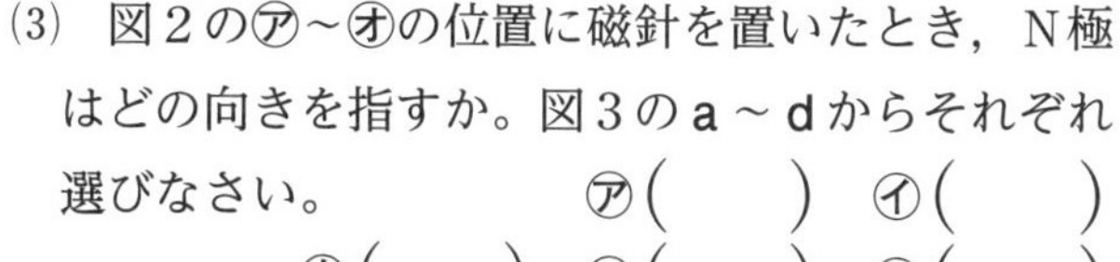

(3) 図２の㋐〜㋔の位置に磁針を置いたとき，Ｎ極はどの向きを指すか。図３のａ〜ｄからそれぞれ選びなさい。　㋐（　　）　㋑（　　）
㋒（　　）　㋓（　　）　㋔（　　）

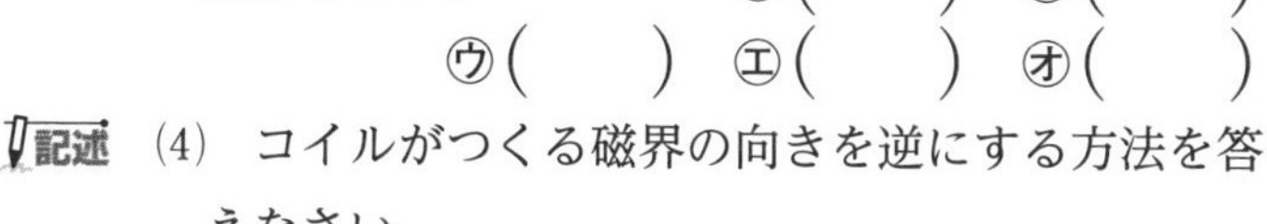

記述 (4) コイルがつくる磁界の向きを逆にする方法を答えなさい。
（　　　　）

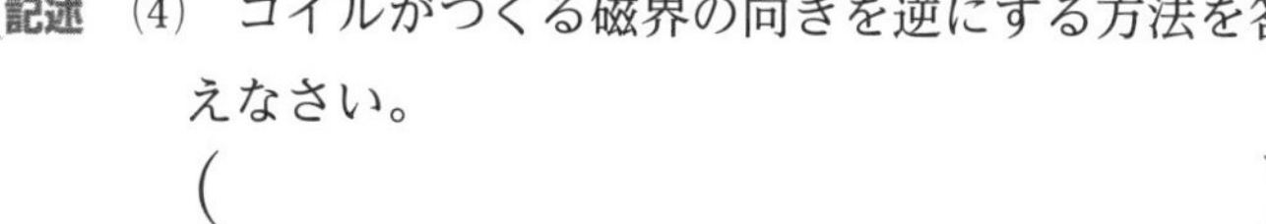

記述 (5) コイルがつくる磁界を強くする方法を，１つ答えなさい。
（　　　　）

図３

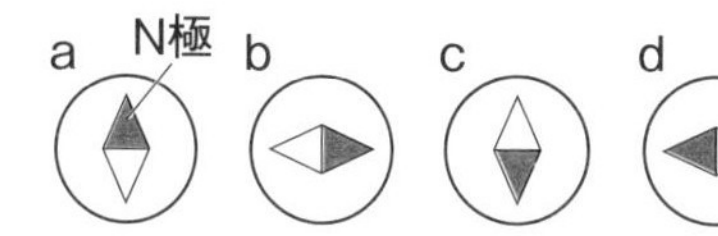

記述 (6) 導線をコイルにすると，コイルにする前と流れる電流の大きさが同じでも，強い磁界をつくることができる。その理由を，「磁力線」という言葉を使って簡単に書きなさい。
（　　　　）

3 下の図のAのように，磁界の中でコイルに電流を流したところ，コイルが㋐の向きに動いた。①～③のように電流の向きや磁石の向きを変えると，それぞれ㋐，㋑のどちらに動くか。

5点×3〔15点〕

①(　　) ②(　　) ③(　　)

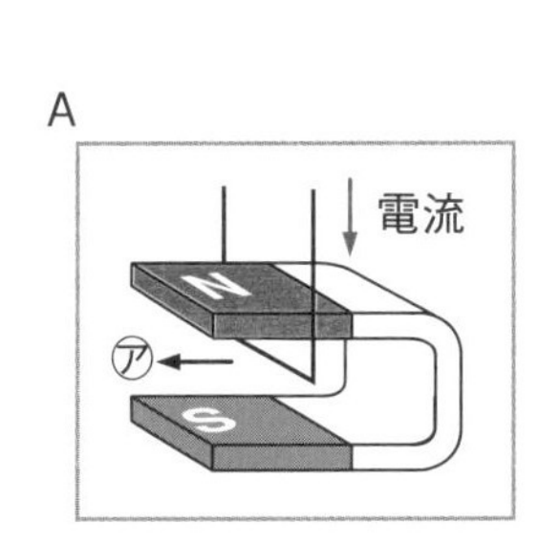

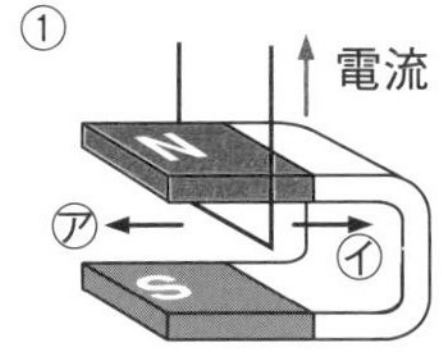

② 電流 S N ㋐ ㋑

③ 電流 S N ㋐ ㋑

よく出る **4** 右の図のようにして，棒磁石とコイルで電流を流す実験を行った。これについて，次の問いに答えなさい。

4点×4〔16点〕

(1) 磁石やコイルを動かすと，コイルに電流が流れる。この現象を何というか。 (　　　)

(2) (1)の現象によって流れる電流を何というか。 (　　　)

(3) 図で，棒磁石のN極をコイルに近づけたとき，検流計の指針が左にふれた。次のア～ウの中で，検流計の指針が右にふれたものをすべて選びなさい。 (　　　)

ア 棒磁石のN極をコイルから遠ざけたとき。

イ 棒磁石のS極をコイルに近づけたとき。

ウ 棒磁石のS極をコイルから遠ざけたとき。

棒磁石 N コイル G 検流計

(4) コイルに流れる電流を大きくする方法を，次の**ア**～**オ**からすべて選びなさい。

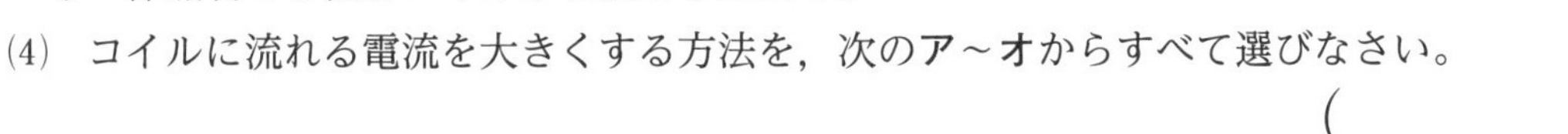

(　　　)

ア 磁石を動かさない。　**イ** 磁石をゆっくり動かす。　**ウ** 磁石を速く動かす。

エ コイルの巻数を多くする。　**オ** コイルの巻数を少なくする。

5 電流について，次の問いに答えなさい。

3点×5〔15点〕

(1) 流れる向きが常に一定である電流を何というか。 (　　　)

(2) 流れる向きが周期的に変化している電流を何というか。 (　　　)

(3) 1秒間当たりの周期の回数のことを何というか。また，その単位は何か。

周期の回数(　　　) 単位(　　　)

(4) 発光ダイオードに(2)の電流を流すとどのようになるか。次の**ア**～**ウ**から選びなさい。 (　　)

ア 点灯(てんとう)したままになる。　**イ** 点滅する。　**ウ** 点灯しない。

第３章　電流の正体

①静電気
２種類の物体をこすり合わせたときに物体が帯びる電気。

②電子
－の電気を帯びた粒子。

ポイント
物質の中を移動するのは，－の電気を帯びた電子である。

③＋極
－の電気をもつ電子が引かれていく極。

④電流
電子の流れのこと。

⑤しりぞけ合う力
同じ種類の電気の間にはたらく，電気による力。

⑥引き合う力
異なる種類の電気の間にはたらく，電気による力。

テストに出る！　ココが要点　解答 p.12

① 静電気と電流

教 p.204～p.209

1 静電気の性質

(1) (①　　　　) ２種類の物体どうしをこすり合わせたときに物体が帯びる電気のこと。

(2) (②　　　　) －の電気を帯びた粒子。

(3) 静電気が生じる理由　物質は＋の電気と－の電気を同じ量ずつもっているため，物質全体としては電気をもっていない。しかし，２種類の物質をこすり合わせると，一方の物質からもう一方の物質に電子の一部が移動する。電子を受け取った物質は全体として－の電気を帯び，電子を失った物質は全体として＋の電気を帯びる。

図１

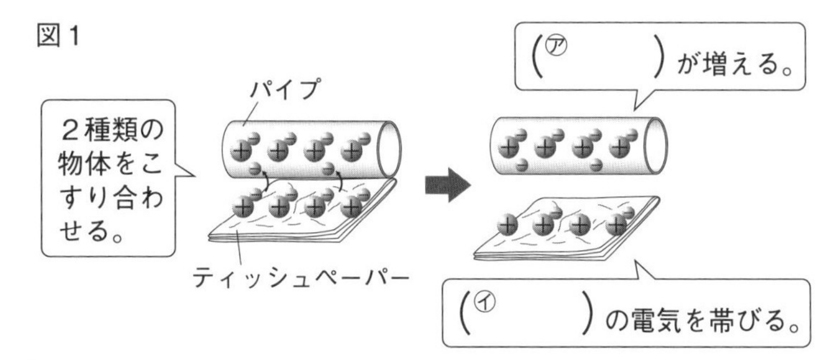

2 電流の正体

(1) 回路を流れる電流と電子　金属の内部には，自由に動くことのできる電子が多数ある。

- 回路に電圧がかかっていないとき
  …電子は決まった方向に動いていない。
- 回路に電圧がかったとき
  …電子が電源の(③　　　　)に引かれて動き出す。この電子の移動が(④　　　　)の正体である。

図２

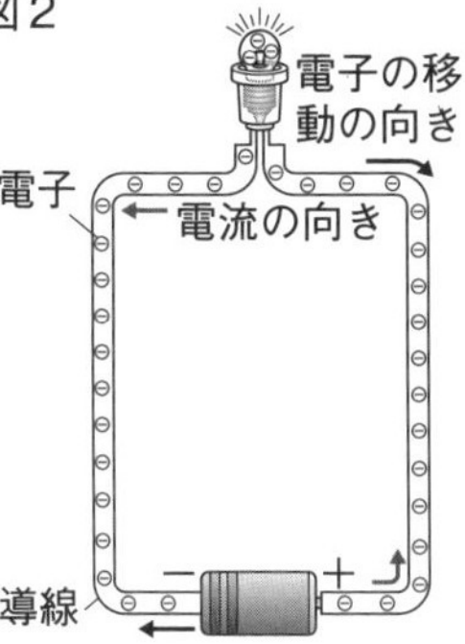

(2) 電気の力

- ＋の電気と－の電気がある。
- 同じ種類の電気の間には(⑤　　　　)がはたらく。
- 異なる種類の電気の間には，(⑥　　　　)がはたらく。
- 離(はな)れていてもはたらく。

ココが要点の答えになります。

② 放射線とその利用

教 p.210～p.213

1 電子線

(1) (⑦　　　　　) 電流が空間を流れたり，たまっていた電気が流れ出したりする現象。気体の圧力を低くした空間を電流が流れる現象を(⑧　　　　　)という。

(2) (⑨　　　　　) クルックス管に誘導(ゆうどう)コイルで高い電圧を加えて真空放電を起こしたとき，陰極から陽極に向かって飛び出す電子の流れ。

(3) 電子線の性質

- (⑩　　　　　)の集まりである。
- 直進する。　●陰極から陽極に向かう。
- 途中に電極板を入れて電圧を加えると，陽極の方に曲がる。

図３

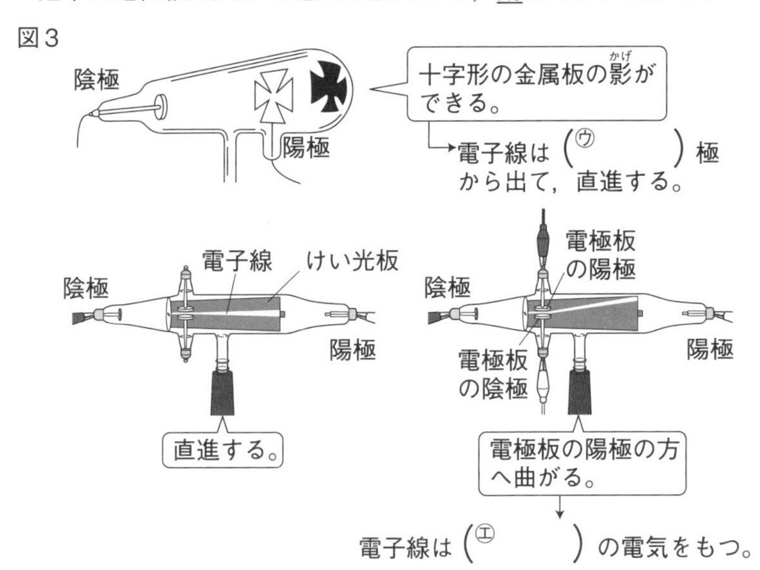

電子線は (エ　　　) の電気をもつ。

2 放射線(ほうしゃせん)

(1) (⑪　　　　　) ドイツのレントゲンが発見した放射線。

(2) (⑫　　　　　) 原子よりも小さな粒子の流れや光の一種。電子線やエックス線など。

(3) (⑬　　　　　) 放射線を出す能力。

(4) (⑭　　　　　) 放射線を出す物質。

(5) 放射線の性質と利用

- 物質を通りぬける…例 レントゲンやCTで，からだの内部を検査することができる。
- 物質を変化させる…例 プラスチックに電子線を当てて，目的に合わせて性質を変化させる。

満点ミッション

⑦**放電**
たまっていた電気が流れ出す現象。雷(かみなり)も放電である。

⑧**真空放電**
けい光灯のように内部の空気の圧力を低くした空間を電流が流れる現象。

⑨**電子線**
電子の流れのこと。陰極から陽極に向かう。

⑩**電子**
－の電子を帯びた粒子。電子線はこの粒子の流れである。

ポイント
電子は－の電気をもっているので，＋の電気のほうへ引きつけられる。

⑪**エックス線**
ドイツの科学者レントゲンが発見した放射線のひとつ。

⑫**放射線**
原子よりも小さな粒子の流れや光の一種。

⑬**放射能(ほうしゃのう)**
放射線を出す能力のこと。

⑭**放射性物質(ほうしゃせいぶっしつ)**
放射能をもった物質。

テストに出る！
予想問題　第3章　電流の正体

30分　/100点

1 右の図のように，静電気をためておいたポリ塩化ビニルのパイプにけい光灯を触れさせた。これについて，次の問いに答えなさい。　5点×3〔15点〕

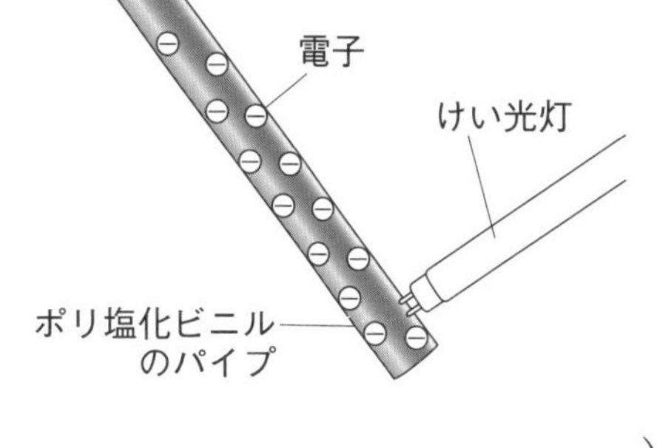

(1) けい光灯はどのようになるか。次のア～ウから選びなさい。（　　）

ア　明るく光る。

イ　一瞬(いっしゅん)光る。

ウ　何も変化しない。

記述 (2) (1)のようになったのはなぜか。「電流」という言葉を使って答えなさい。

（　　　　　　　　　　　　　　　　　　　　）

(3) たまっていた電気が流れ出す現象を何というか。（　　　　）

よく出る **2** 図1のように，2本のストローA，Bをティッシュペーパーでよくこすり，実験を行った。これについて，あとの問いに答えなさい。　5点×6〔30点〕

図1

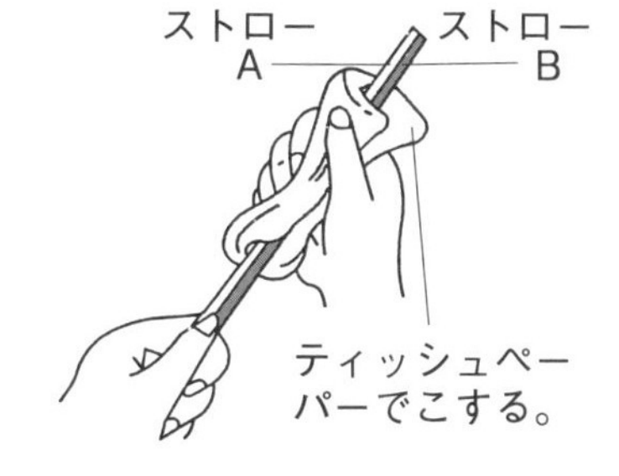

図2

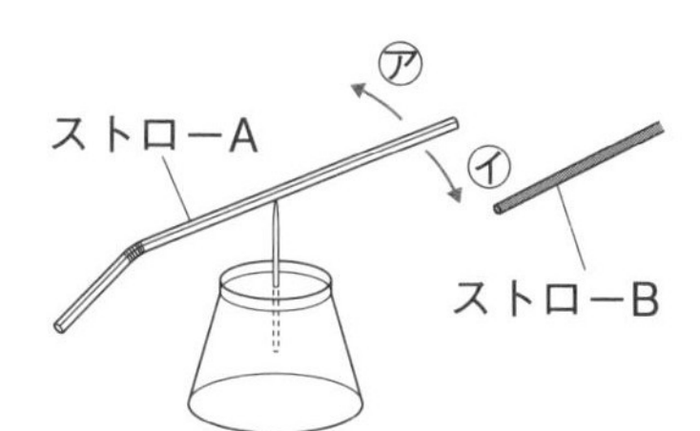

図3

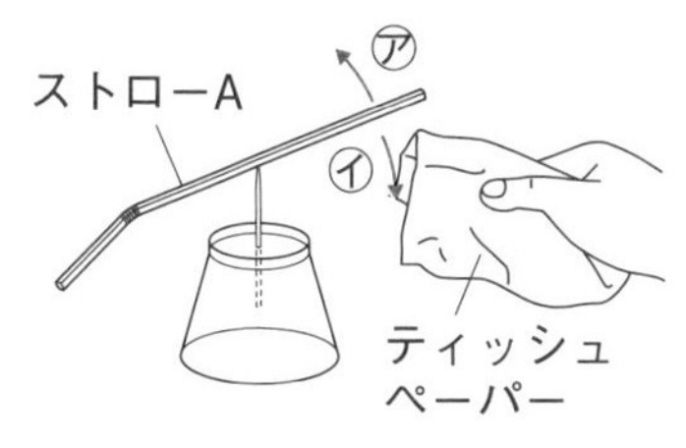

(1) 図1のように，2種類の物体どうしをこすり合わせたときに物体が帯びる電気のことを何というか。（　　　　）

(2) 図1で起こった現象をまとめた次の文の(　)にあてはまる言葉や記号を書きなさい。

①（　　　　）②（　　　　）③（　　　　）

> こすることによって，ティッシュペーパーがもっている(①)がストローA，Bに移動し，ストローA，Bが(②)の電気を，ティッシュペーパーが(③)の電気を帯びる。

(3) 図1のあと図2で，ストローBをストローAに近づけると，ストローAは㋐，㋑のどちらに動くか。（　　）

(4) 図1のあと図3で，こすったあとのティッシュペーパーをストローAに近づけると，ストローAは㋐，㋑のどちらに動くか。（　　）

よく出る **3** 下の図のように，クルックス管の電極に電圧をかけて，いろいろな実験をした。これについて，あとの問いに答えなさい。
5点×8〔40点〕

図1

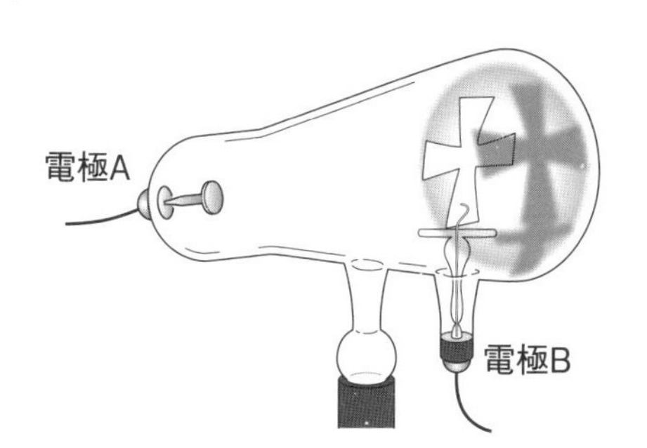

図2

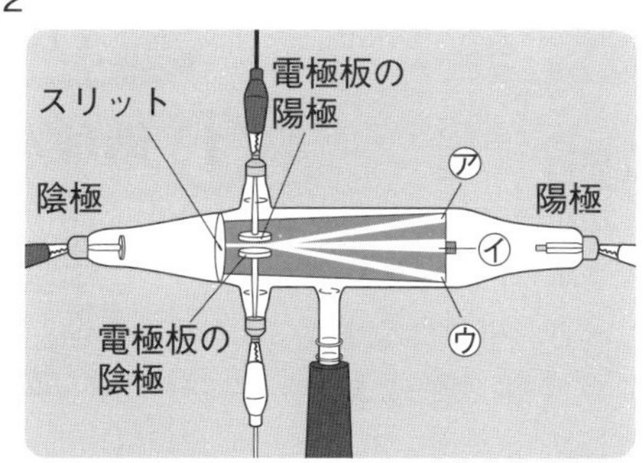

(1) クルックス管のように，空気の圧力を低くした空間を電流が流れる現象を何というか。
(　　　　　)

(2) 図1で，電極Aには＋極と－極のどちらを接続したか。 (　　　　　)

(3) 図1で，電極Aと電極Bに接続した極を反対にして電圧をかけたとき，十字形の影はどのようになるか。次のア～ウから選びなさい。 (　　)

ア はっきりと影ができる。 **イ** うすい影ができる。 **ウ** 影はできない。

(4) 図1から何がわかるか。次のア，イから選びなさい。 (　　)

ア 陽極から何かが飛び出し，陰極に向かって流れていること。

イ 陰極から何かが飛び出し，陽極に向かって流れていること。

(5) 図2で，電極から飛び出している線を何というか。 (　　　　　)

(6) 図2で，上下方向の電極板に電圧をかけていないとき，(5)の線は図の㋐～㋒のどの方向に進むように見えるか。 (　　)

(7) 図2で，上下方向の電極板に電圧をかけているとき，(5)の線は図の㋐～㋒のどの方向に進むように見えるか。 (　　)

(8) (6)，(7)のことから，(5)の線はどのような電気をもっているとわかるか。次のア～ウから選びなさい。 (　　)

ア ＋の電気 **イ** －の電気 **ウ** ＋の電気も－の電気ももっていない。

4 放射線について，次の問いに答えなさい。
5点×3〔15点〕

(1) 放射線についてまとめた次の文の(　)にあてはまる言葉を書きなさい。

①(　　　　　) ②(　　　　　)

放射線には，電子線やエックス線などがあり，それらは原子よりも小さな粒子の流れや光の一種である。放射線を出す能力を(①)といい，放射線を出す物質を(②)という。

(2) 放射線を利用しているものを，次のア～ウからすべて選びなさい。 (　　　　　)

ア レントゲン検査 **イ** 電磁調理器(IH調理器) **ウ** プラスチックの改質

第１章　大気の性質と雲のでき方

①圧力
単位面積当たりの面を垂直に押す力の大きさ。単位にはパスカル(記号Pa)またはN/m^{2}を用いる。
②大気圧
空気の重さによる圧力。気圧ともいう。
③ヘクトパスカル
気圧の単位。記号はhPa。
④１気圧
海面と同じ高さにおける平均の気圧。約1013hPaのこと。
⑤凝結
水蒸気が冷やされて水滴に変わること。
⑥露点
水蒸気の凝結が始まるときの温度。空気中の水蒸気量が多いほど高い。
⑦飽和水蒸気量
空気が水蒸気で飽和しているときの水蒸気量。温度が高いほど大きい。

テストに出る！ ココが要点 解答 p.13

① 地球をつつむ大気　教 p.224～p.228

1 大気圧

(1) **大気**　地球をとりまく空気のこと。
(2) **大気圏**　大気の層のことで，厚さは数百kmある。
(3) (① 　　　)　単位面積当たりの面を垂直に押す力の大きさ。

$$圧力〔Pa〕=\frac{面を垂直に押す力〔N〕}{力がはたらく面積〔m^2〕}$$

(4) (② 　　　)(気圧)　空気の重さで生じる力。単位には(③ 　　　)(記号**hPa**)を用いる。海面と同じ高さでの大気圧は約**1013hPa**でこれを(④ 　　　)という。標高の高いところほど，その上にある空気の層が薄くなるので，大気圧は小さくなる。

図１ 高さによる気圧のちがい

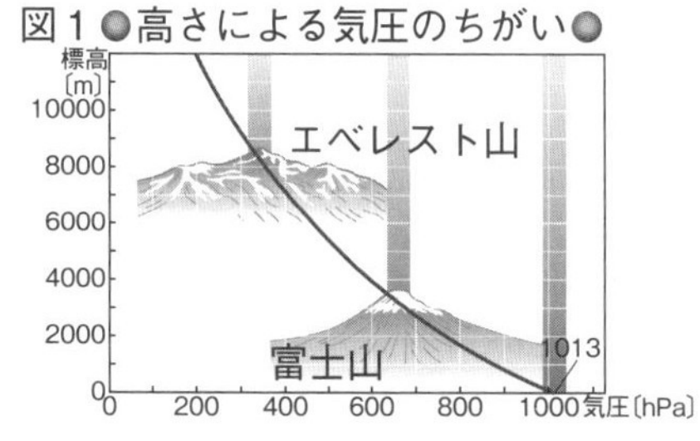

② 雲のでき方　教 p.229～p.241

1 水の循環

図２

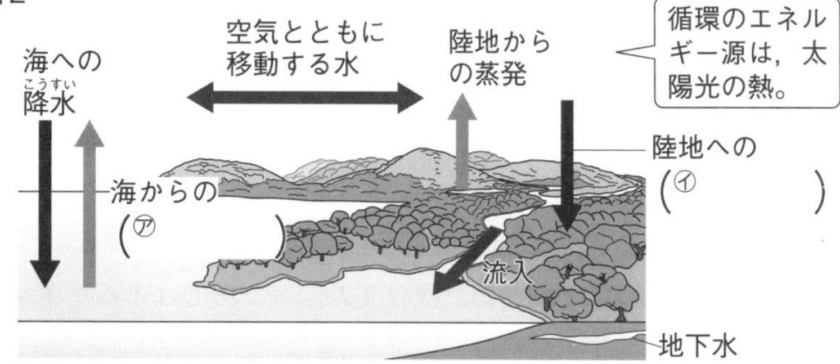

2 飽和水蒸気量

(1) (⑤ 　　　)　水蒸気が冷やされて**水滴**に変わること。
(2) (⑥ 　　　)　空気を冷やしていって，水蒸気の凝結が始まるときの温度。
(3) (⑦ 　　　)　空気中の水蒸気量が最大限になっているとき，その空気は水蒸気で**飽和**しているという。このときの

ココが要点の答えになります。

空気1 m³当たりの水蒸気の質量。

(4) 凝結が起こるしくみ　図3で，ある空気の温度が25℃で，実際の水蒸気量が12.8g/m³とする。この空気の温度を下げると15℃で**露点**に達し，さらに温度を下げると飽和水蒸気量をこえた量の水蒸気が**凝結**し，水滴になる。

図3●温度と水蒸気量の関係●

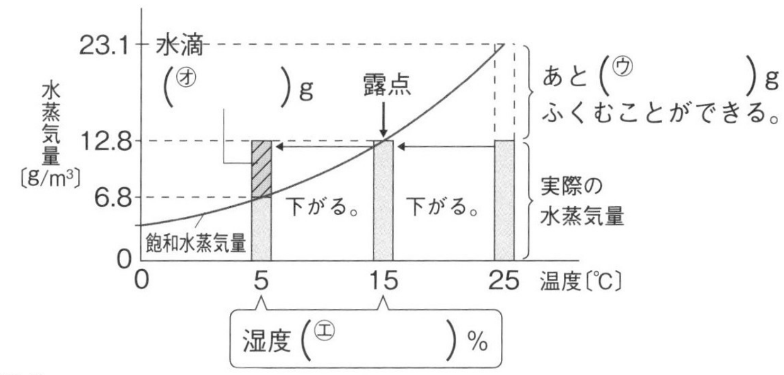

3 湿度

(1) （⑧　　　　） 空気にふくまれる実際の水蒸気量がその温度の飽和水蒸気量の何%になるかを表した値。

$$湿度〔\%〕=\frac{空気1\,m^3にふくまれる\textbf{実際の水蒸気量}〔g/m^3〕}{その温度での\textbf{飽和水蒸気量}〔g/m^3〕}\times 100$$

4 雲のでき方と降水

(1) 雲の発生

上昇する空気の流れである（⑨　　　　）が起こる。

→上空では気圧が低いので，空気が**膨張**して温度が**下がる**。

→ある高度で，空気の温度が**露点**に達する。

→空気中の水蒸気が凝結して**水滴**ができ，雲となる。

図4●雲のでき方●

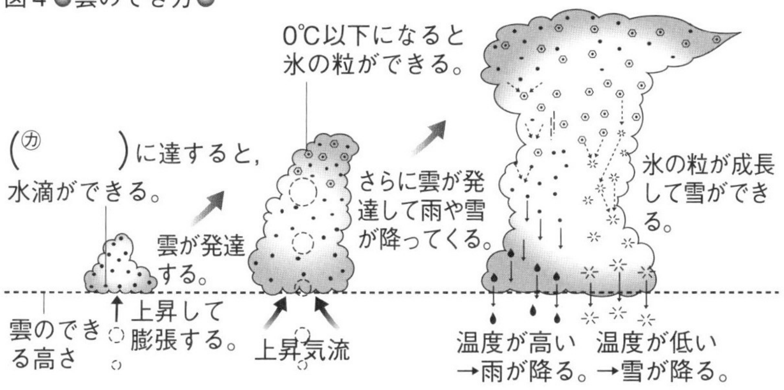

(2) （⑩　　　　） 雲をつくる水滴などが大きくなり，上昇気流でも支えきれなくなって地上に降ってきた粒。雨や雪など。

ポイント

空気がふくむことができる水蒸気の質量には限度がある。空気にふくまれる実際の水蒸気量と飽和水蒸気量が同じになるときの温度が露点である。

⑧**湿度**
空気の湿りぐあいを表したもの。実際の水蒸気量が飽和水蒸気量の何%になるかを表す。

⑨**上昇気流**
上昇する空気の流れ。

ポイント

上昇気流は，
・地表付近の空気が暖められる。
・空気が山の斜面に沿って上がる。
・暖かい空気が冷たい空気の上にはい上がる。
と起こる。

⑩**降水**
地上に降ってきた雨や雪などのこと。

解答 p.13

テストに出る！

予想問題　第１章　大気の性質と雲のでき方

30分

/100点

よく出る **1** 右の図のように，9.6kgの直方体の物体を水平な床(ゆか)の上に置いた。これについて，次の問いに答えなさい。ただし，100gの物体にはたらく重力の大きさを１Nとする。

5点×4〔20点〕

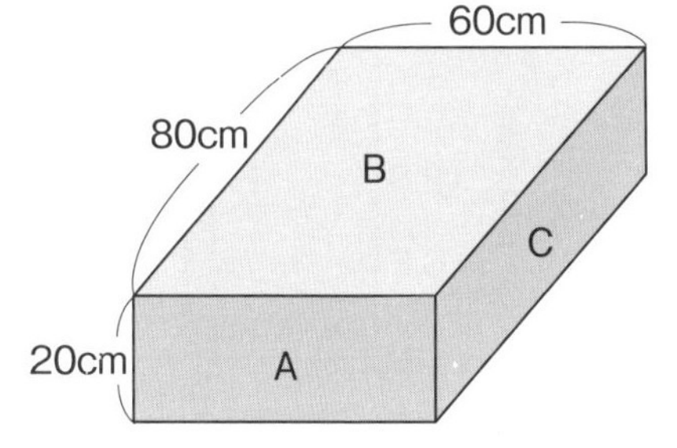

(1) 物体が床を押す力は何Nか。

(　　　　　)

(2) 床が物体から受ける圧力が最も大きくなるのは，A〜Cのどの面を床と接するように置いたときか。

(　　　)

(3) (2)のとき，床が物体から受ける圧力は何Paか。

(　　　　　)

(4) 圧力の大きさについて，次のア〜エから正しいものをすべて選びなさい。

(　　　　　)

ア　面を押す力が同じ場合，力がはたらく面積が大きいほど，圧力は大きくなる。
イ　面を押す力が同じ場合，力がはたらく面積が大きいほど，圧力は小さくなる。
ウ　力がはたらく面積が同じ場合，面を押す力が大きいほど，圧力は大きくなる。
エ　力がはたらく面積が同じ場合，面を押す力が大きいほど，圧力は小さくなる。

よく出る **2** 空気の湿度を調べるために，次の実験を行った。これについて，あとの問いに答えなさい。

6点×5〔30点〕

実験　室温22℃の部屋で，金属製のコップに水を入れ，水温を室温と同じにしてから，右の図のようにしてコップの水温を下げたところ，14℃のときにコップの表面がくもり始めた。

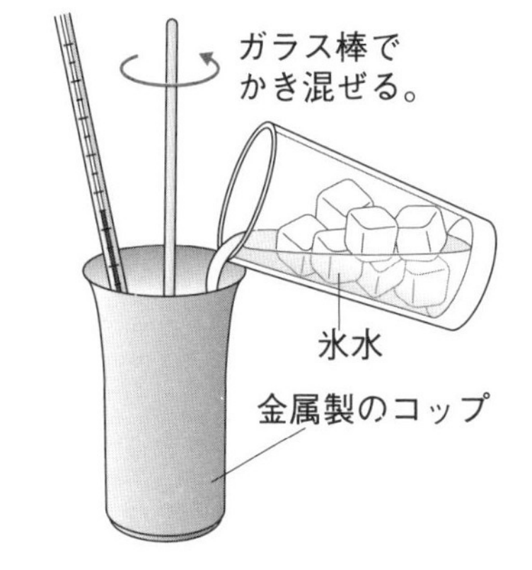

(1) 水蒸気が冷やされて水になることを何というか。

(　　　　　)

(2) コップの表面がくもり始めたときの温度を何というか。

(　　　　　)

(3) 空気1 m^3当たりにふくむことのできる最大限の水蒸気量のことを何というか。

(　　　　　)

(4) 温度が22℃，14℃のときの(3)の量がそれぞれ19.4g/m^3，12.1g/m^3であるとき，この部屋の湿度は何％か。小数第１位を四捨五入して整数で答えなさい。

(　　　　　)

(5) このときの空気には，1 m^3当たりにあと何gの水蒸気をふくむことができるか。

(　　　　　)

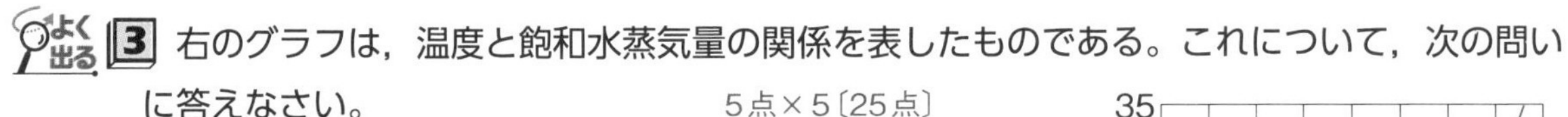

3 右のグラフは，温度と飽和水蒸気量の関係を表したものである。これについて，次の問いに答えなさい。 5点×5〔25点〕

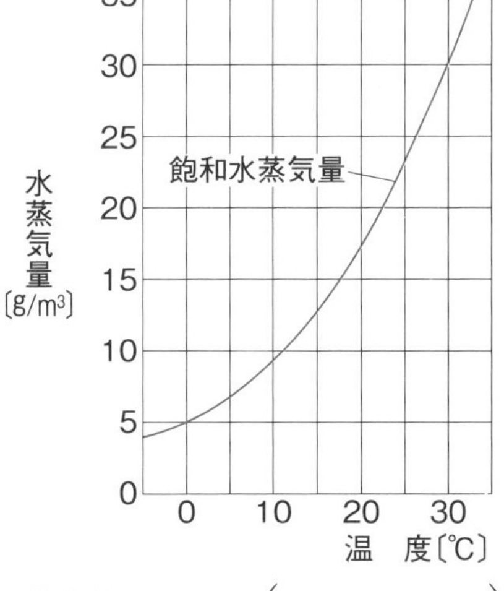

(1) 温度が30℃のときの飽和水蒸気量は，約何g/m^{3}か。グラフを見て整数で答えなさい。
（　　　　）

(2) ある日の気温は30℃で湿度は60％であった。この場所の空気1 m^{3}中には約何gの水蒸気がふくまれているか。（　　　　）

(3) (2)の水蒸気量のままで，温度が何℃以下になると，水滴ができ始めるか。次のア～ウから選びなさい。（　　）

ア　約10℃　　イ　約15℃　　ウ　約20℃

(4) (2)の空気1 m^{3}を0℃まで下げると，約何gの水滴ができるか。（　　　　）

(5) 次のア～エの空気のうち，露点が最も高い空気はどれか。（　　）

ア　温度10℃，湿度30％の空気　　イ　温度10℃，湿度70％の空気
ウ　温度25℃，湿度30％の空気　　エ　温度25℃，湿度70％の空気

4 右の図のような丸底フラスコを用意し，フラスコ内を少量の水でぬらして線香の煙（けむり）を少し入れてから，注射器のピストンを強く引くと，フラスコ内がくもった。これについて，次の問いに答えなさい。 5点×5〔25点〕

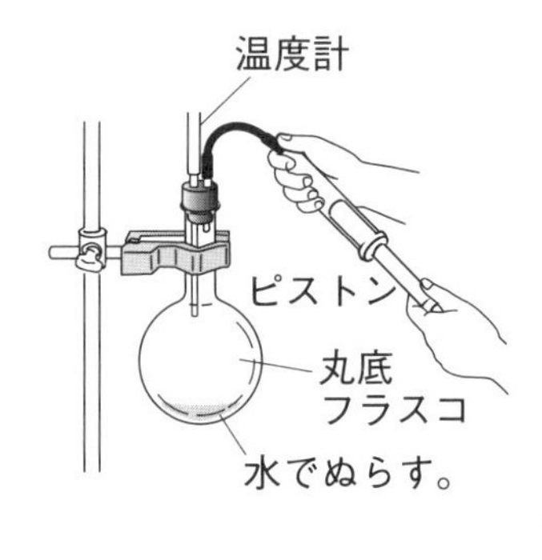

記述 (1) 少量の水でフラスコ内をぬらしたあと，フラスコ内に線香の煙を少し入れるのはなぜか。その理由を簡単に答えなさい。
（　　　　　　　　　　　　　　　　　　）

(2) 丸底フラスコ内がくもった理由について，次の（　）にあてはまる言葉を答えなさい。
①（　　　　）　②（　　　　）　③（　　　　）

> ピストンを強く引くと，フラスコ内の気圧が（ ① ）り，空気が（ ② ）してフラスコ内の温度が（ ③ ）る。そのため，飽和水蒸気量をこえた分の水蒸気が水滴になり，フラスコ内がくもる。

(3) 自然界では，空気のかたまりが上昇することによって実験と同じしくみで雲が発生する。雲を生じる上昇気流のでき方について，次のア～ウから正しいものをすべて選びなさい。
（　　　　）

ア　冷たい空気が暖かい空気の上にのり上がる。
イ　太陽の熱によって，地表付近の空気が暖められ，空気が上昇する。
ウ　空気が山の斜面に沿って上昇する。

第２章　天気の変化

①気象要素
天気，雲のようす，気温，湿度，気圧，風向，風力，雨量，雲量などのこと。

②湿度
乾球温度計と湿球温度計の示す温度の差から，湿度表を使って求めることができる気象要素。

ポイント
晴れの日は，気温の変化と湿度の変化が逆になる。

③等圧線
気圧の同じ地点をなめらかに結んだ曲線。

④高気圧
等圧線が丸く閉じていて，まわりより気圧が高いところ。

⑤低気圧
等圧線が丸く閉じていて，まわりより気圧が低いところ。

⑥天気図
気圧配置の図に，各地の天気，風向，風力，天気，前線などをかきこんだもの。

ココが要点の答えになります。

テストに出る！ ココが要点 解答 p.14

① 気象要素の関係 教 p.242～p.247

1 気象要素の関係

(1) 気象　大気中で起こる降雨・雲・風などのさまざまな現象。

(2) (①　　　　) 天気や雲のようす，(②　　　　)，気温，気圧，風向，風力，雨量，雲量など。

(3) 気圧と天気の関係　いっぱんに，気圧は晴れているときは高くなり，雨のときは低くなる。

(4) 気温と天気の関係　晴れの日の気温は，日の出とともに上昇し始め，昼すぎごろに最高になる。雨やくもりの日の気温は，１日の変化が小さい。

(5) 気温と湿度の関係　晴れの日の湿度は，気温が上がると下がり，気温が下がると上がる。湿度の変化と気温の変化が逆になるのは，気温の上昇によって飽和水蒸気量が大きくなるからである。

2 気圧配置と天気図

(1) (③　　　　) 気圧の同じ地点を結んだ曲線。等圧線は1000hPaを基準にして４hPaごとに引き，20hPaごとに太い線で引く。

- (④　　　　)…中心の気圧がまわりよりも高いところ。
- (⑤　　　　)…中心の気圧がまわりよりも低いところ。

(2) 気圧配置　高気圧や低気圧が分布しているようすを表したもの。気圧配置の図に各地の風向，風力，天気などをかきこんだものを(⑥　　　　)という。

(3) 低気圧・高気圧と風のふき方　気圧の高い方から低い方へ向かって風がふく。等圧線の間隔がせまいほど風は強くなる。

- 低気圧…反時計回りに風がふきこむ。上昇気流があるので，雲が発達しやすい。
- 高気圧…時計回りに風がふき出す。下降気流があるので，雲ができにくい。

図１ 高気圧・低気圧 (北半球)

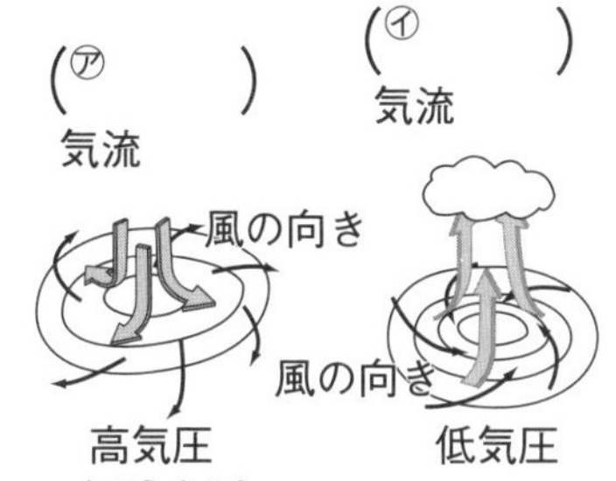

② 前線と天気の変化

教 p.248～p.253

1 前線の種類と変化

(1) (⑦　　　　) 空気の温度や湿度がほぼ一様な空気のかたまり。

(2) 前線　暖気団と寒気団の境界面のことを(⑧　　　　)といい，前線面が地表とまじわるところを前線という。

図2 ●前線と前線面●

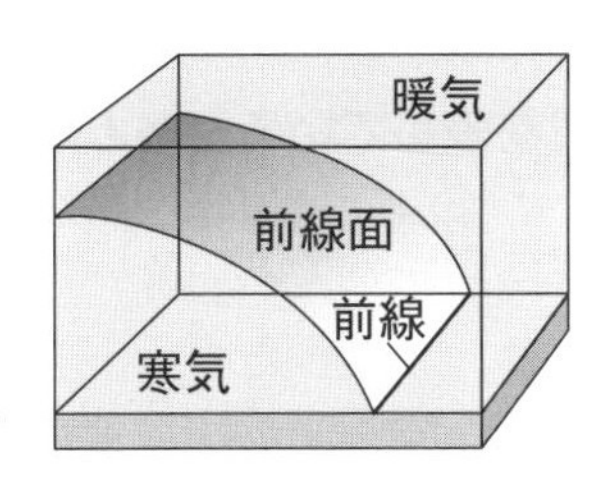

(3) (⑨　　　　) 寒気が暖気を急激に押し上げながら進む前線。

特徴 ●寒気が暖気側に進む。
●急な上昇気流による積乱雲がせまい範囲に発達する。
●大粒の雨が短時間降り，しばしば雷や突風をともなう。

●寒冷前線●

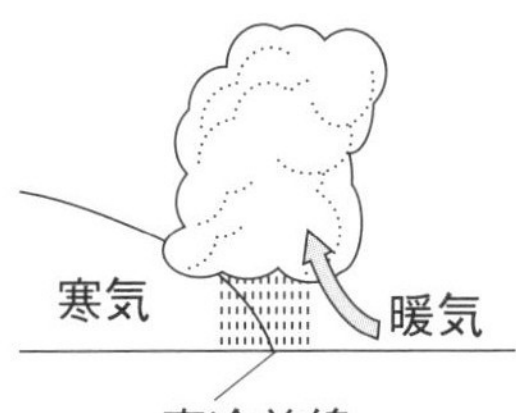

(4) (⑩　　　　) 暖気が寒気の上にのり上げるように進む前線。

特徴 ●暖気が寒気側に進む。
●乱層雲や高層雲などが，広い範囲に生じる。
●おだやかな雨が長時間降り続く。

●温暖前線●

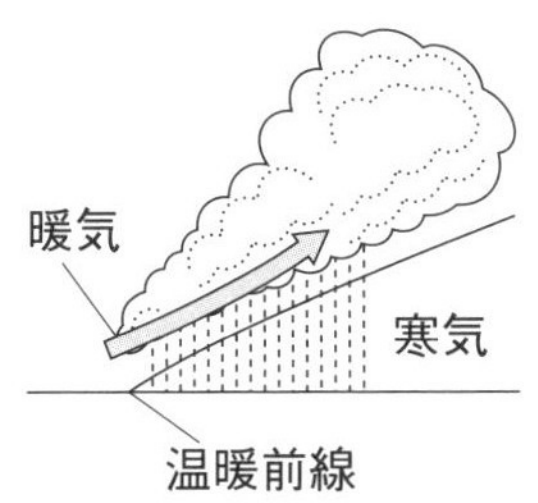

(5) (⑪　　　　) ほぼ同じ勢力の寒気と暖気がぶつかるときにできる，あまり動かない前線。

(6) 閉塞前線　進む速さが速い寒冷前線が，おそい温暖前線に追いついてできる前線。

図3 ●前線を表す記号●

寒冷前線	温暖前線	停滞前線	閉塞前線

2 前線の通過と天気の変化

(1) 日本の天気の変化　日本付近では高気圧・低気圧・前線は西から東へと移動するため，天気も西から東へと移り変わっていく。

(2) 寒冷前線が通過するときの変化　寒冷前線が通過すると気温が急激に下がる。大粒の雨が降り始め，風向が急に変わる。

(3) 温暖前線が通過するときの変化　温暖前線の接近中に雨が降り，通過すると気温が上がる。天気は回復する。

満点ミッション

⑦気団
一様な性質をもつ大規模な空気のかたまり。

⑧前線面
寒気団と暖気団の間にできた境界面。

⑨寒冷前線
寒気が暖気側に進む前線。

⑩温暖前線
暖気が寒気側に進む前線。

⑪停滞前線
勢力が同じくらいの寒気と暖気がぶつかってできる，あまり動かない前線。

ポイント
前線をともなう低気圧が通過するときには，天気がくもりや雨になることが多い。通過後は気圧が上がって晴れになることが多い。

テストに出る！

予想問題　第2章　天気の変化

30分　/100点

よく出る **1** 次の文は，ある日の気象観測の結果である。また，下の表は，湿度表の一部であり，図2は，気象観測の観測器具を表している。あとの問いに答えなさい。　3点×5〔15点〕

・風は，北西から南東に向かってふいていた。
・風速から求めた風力は，3だった。
・アネロイド気圧計は1010と1020の中央を指していた。
・右の図1の円は全天の雲のようすで，降水はなかった。
・乾湿計(かんしつけい)の乾球温度は14℃，湿球温度は12℃だった。

図1

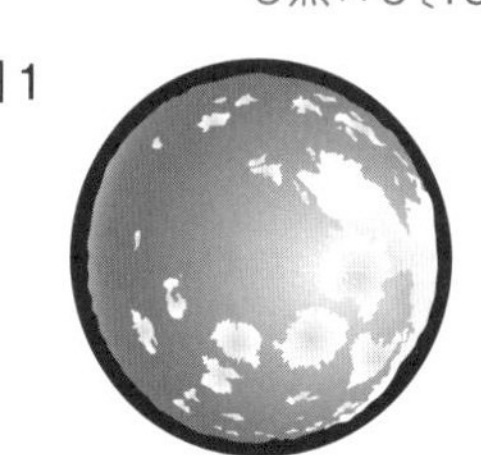

乾球温度〔℃〕	乾球温度と湿球温度の差〔℃〕			
	0	1	2	3
14	100	89	78	67
13	100	88	77	66
12	100	88	76	65
11	100	87	75	63

図2

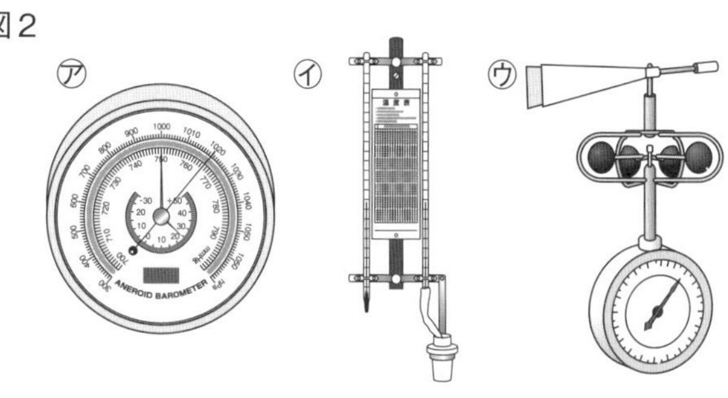

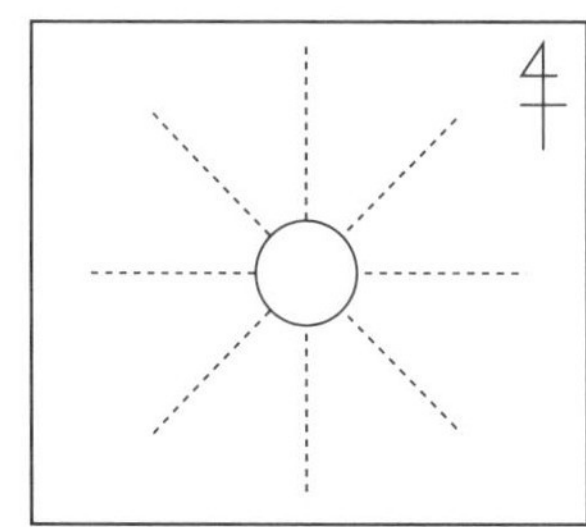

作図 (1) このときの風向・風力・天気を右の図に表しなさい。

(2) 気圧を調べる器具を，図2の㋐～㋒から選びなさい。　(　　)

(3) このときの気圧を求めなさい。　(　　)

(4) このときの気温と湿度を湿度表から求めなさい。
気温(　　)　湿度(　　)

2 図1は，日本付近のある日の天気図の一部である。これについて，あとの問いに答えなさい。　5点×4〔20点〕

図1

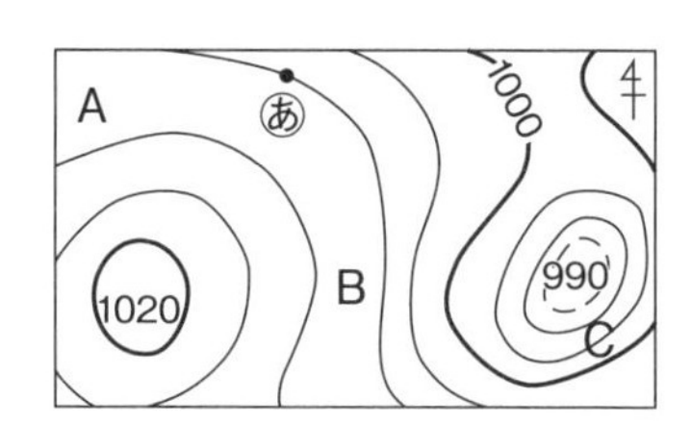

図2

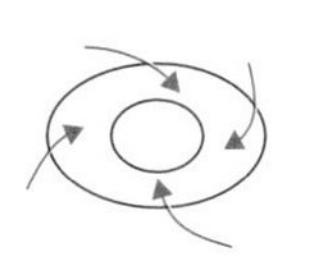

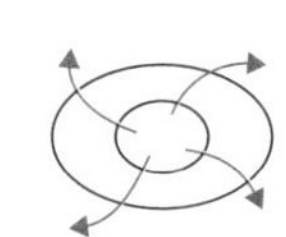

㋒

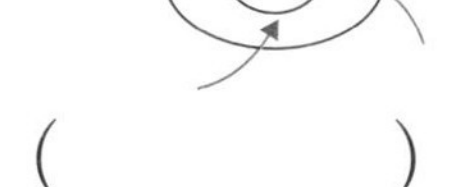

(1) 図1のあの地点の気圧を求めなさい。　(　　)

記述 (2) 図1のA～Cの地点で，いちばん強い風がふいているところはどこか。その理由も答えなさい。　記号(　　)　理由(　　)

(3) 低気圧での地上付近の風のふき方を，図2の㋐～㋓から選びなさい。　(　　)

よく出る **3** 右の図は，ある日の天気図の一部である。これについて，次の問いに答えなさい。

5点×9〔45点〕

⑴　気圧の同じ地点を結んだ曲線を何というか。
（　　　　）

⑵　Aは，低気圧と高気圧のどちらか。
（　　　　）

⑶　B，Cの前線をそれぞれ何というか。
B（　　　　）　C（　　　　）

⑷　Bの前線付近で発達して雨を降らせる雲は何か。（　　　　）

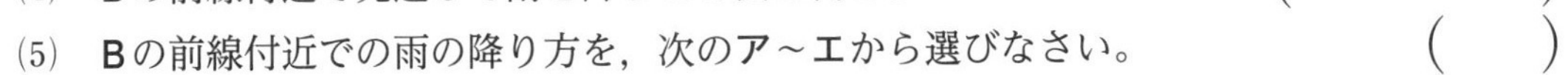

⑸　Bの前線付近での雨の降り方を，次のア～エから選びなさい。（　　）

ア　おだやかな雨が短時間降る。　　イ　強い雨が短時間降る。

ウ　おだやかな雨が長時間降る。　　エ　強い雨が長時間降る。

⑹　Cの前線付近での雨の降り方を，⑸のア～エから選びなさい。（　　）

⑺　前線B，Cを図のようにa－bで切って，その断面を南側から見たときの寒気と暖気のようすを正しく表しているのはどれか。次の㋐～㋓から選びなさい。（　　）

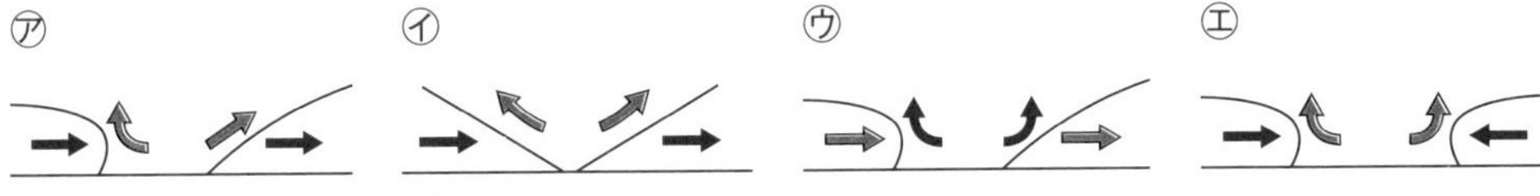

➡ 寒気の動き　➡ 暖気の動き

⑻　Bの前線がCの前線に追いついて重なると，何という前線ができるか。
（　　　　）

よく出る **4** 右の図は，ある日の気温と湿度，気圧の変化をグラフにしたものである。これについて，次の問いに答えなさい。　4点×5〔20点〕

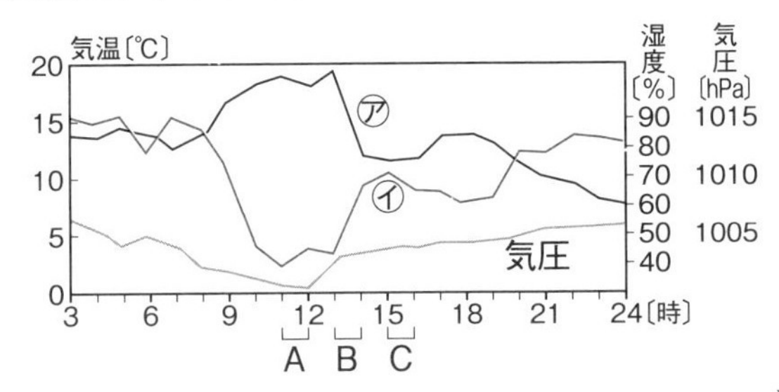

⑴　気温を表しているグラフは，㋐，㋑のどちらか。（　　）

⑵　前線が通過したのは，グラフのA～Cのどの区間か。（　　）

記述 ⑶　⑵のように考えられるのはなぜか。
（　　　　　　　　　　　　　　　　）

⑷　通過した前線は何か。（　　　　）

⑸　前線が通過したあとの気温と風向はどのようになったと考えられるか。次のア～エから選びなさい。（　　）

ア　気温は下がり，風向は変わらなかった。

イ　気温は下がり，風向は急に変わった。

ウ　気温は上がり，風向は変わらなかった。

エ　気温は上がり，風向は急に変わった。

第３章　日本の天気

①偏西風
中緯度地域の上空でふいている，西から東へ向かう強い風。

②シベリア気団
冬にシベリア地域でできる，低温で乾燥した気団。

③オホーツク海気団
初夏などにオホーツク海上でできる，低温で湿った気団。

④小笠原気団
夏に太平洋上でできる，高温で湿った気団。

ポイント

大陸は海洋よりも暖まりやすく，冷めやすい。夏は大陸の空気が暖められて，気圧が低くなる。季節風と同じしくみで，より規模の小さい海風・陸風もふいている。

テストに出る！　ココが要点　解答 p.15

① 日本の季節に影響する要素

教 p.254～p.257

1 地球規模の大気の動き

(1)　地球規模の大気の動き　日本が位置する中緯度地域の上空では，西から東へ向かう（①　　　　　）という強い風がふいている。

図１●偏西風●

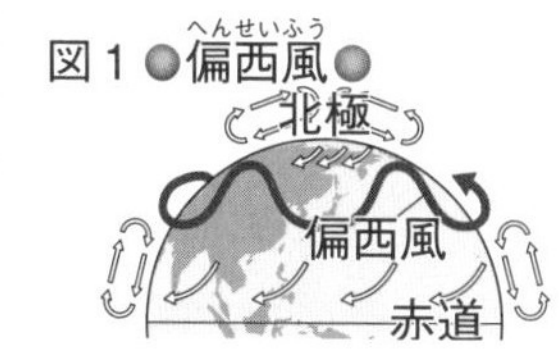

2 高気圧や気団の影響

図２●日本の周辺の気団●

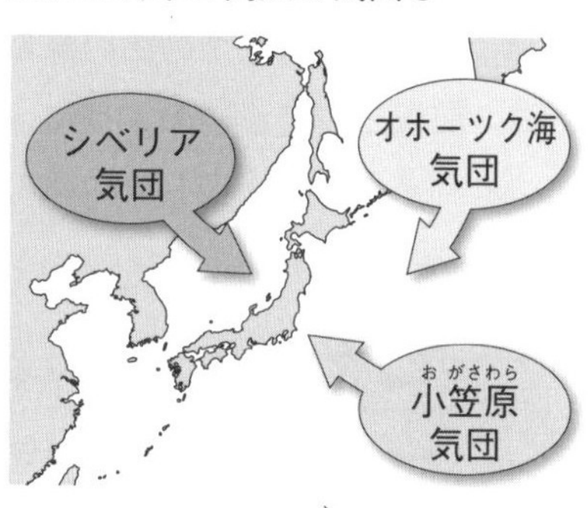

(1)　シベリア高気圧　冬に日本の北西の大陸で発達する高気圧。（②　　　　　）という，低温で乾燥した気団ができる。

(2)　オホーツク海高気圧　初夏に日本の北東のオホーツク海上で発達する高気圧。（③　　　　　）という，低温で湿った気団ができる。

(3)　太平洋高気圧　夏に日本の南方の太平洋上で発達する高気圧。（④　　　　　）という，高温で湿った気団ができる。

(4)　移動性高気圧　春に影響する，大陸からの高気圧。

3 季節風の影響

(1)　夏の季節風　気圧が大陸上で低く，海洋上で高くなることでふく，海洋から大陸に向かう南東の風。

(2)　冬の季節風　気圧が大陸上で高く，海洋上で低くなることでふく，大陸から海洋に向かう北西の風。

4 海洋の影響

(1)　海流　海水の流れ。低緯度から高緯度に向かう，比較的温度が高い海流を暖流という。高緯度から低緯度に向かう，比較的温度の低い海流を寒流という。

② 四季の天気

教 p.258～p.271

1 四季の天気

(1)　冬の天気　大陸上に発達するシベリア気団の影響を受ける。

ココが要点の答えになります。

特徴 ●（⑤　　　　　　）型（がた）の気圧配置。

●等圧線がせまい間隔で南北方向にならぶ。

●**北西**の季節風がふく。

●日本海側は雪の日が多く，太平洋側は晴天で乾燥した日が多くなる。

図３●冬の天気図●

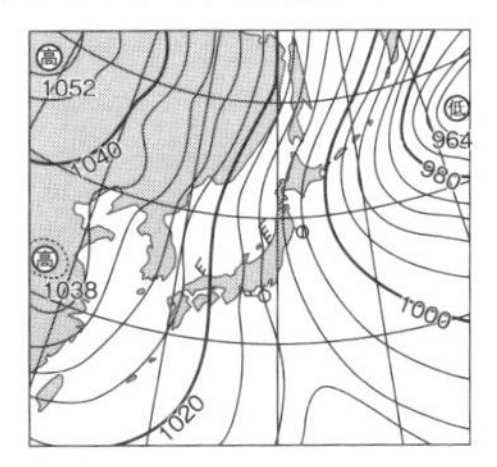

図４●日本海側に大雪が降るしくみ●

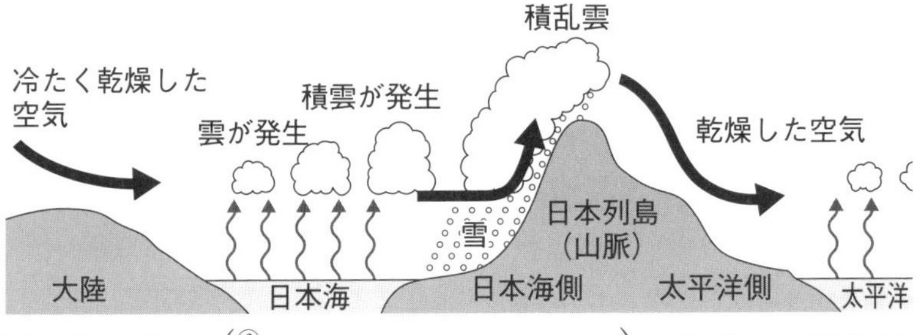

⑵　春の天気　（⑥　　　　　　　　）とよばれる高気圧と低気圧が交互（こうご）に西から東へ通過して，晴れと雨の天気が，４～５日周期でくり返される。

⑶　梅雨（つゆ）の天気　日本列島付近で，**太平洋高気圧**と**オホーツク海高気圧**の勢力がつり合って（⑦　　　　　　）という停滞前線ができ，雨やくもりの日が多くなる。

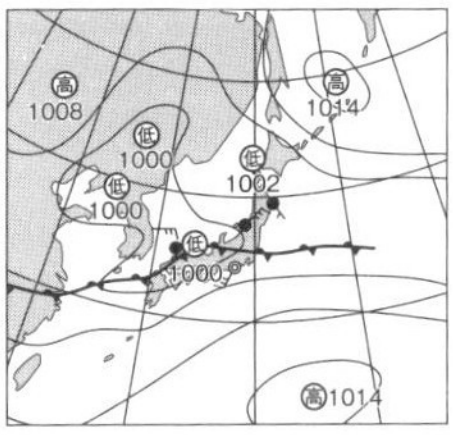

図５
●梅雨の天気図●

⑷　夏の天気　**太平洋高気圧**が勢力を増して日本の広範囲（こうはんい）をおおい，**南**からの季節風がふく。蒸（む）し暑い日が多くなる。

⑸　秋の天気　太平洋高気圧の勢力が弱くなってくると，日本付近に（⑧　　　　　　）という停滞前線ができ，雨の日が多くなる。この時期が過ぎると，春と同じように晴れの日と雨の日を周期的にくり返すようになる。

⑹　（⑨　　　　）　低緯度の熱帯の海上で発生した熱帯低気圧が発達し，最大風速が17.2m/sをこえたもの。日本への接近は８月や９月に多く，日本付近では**偏西風**の影響を受けて東向きに進路を変えることが多い。

図６●台風（たいふう）●

（写真提供：気象庁）

2 気象に関わる恵（めぐ）み・災害

⑴　気象の変化がおよぼす恵み　水は生活用水・農業用水・工業用水や**水力**発電に利用され，風は**風力**発電に利用されている。

⑵　気象の変化がおよぼす災害　集中豪雨（ごうう）や竜巻（たつまき）で被害が出る。

満点★ミッション

⑤**西高東低**（せいこうとうてい）
冬の日本付近で見られる気圧配置。

⑥**移動性高気圧**
春や秋に大陸から日本付近にやってくる，暖かく乾燥した高気圧。

⑦**梅雨前線**（ばいうぜんせん）
初夏の日本付近に生じる，特徴的な停滞前線。

⑧**秋雨前線**（あきさめぜんせん）
秋のはじめの日本付近に生じる，特徴的な停滞前線。

⑨**台風**
熱帯の海上では豊富な水蒸気が供給されるので，発達した積乱雲が多数発生し，集まって熱帯低気圧ができる。

ポイント

台風は同心円状の等圧線で囲まれていて，前線をともなわない。台風によって多くの被害（ひがい）を受けることもあるけれど，水不足の解消になることもある。

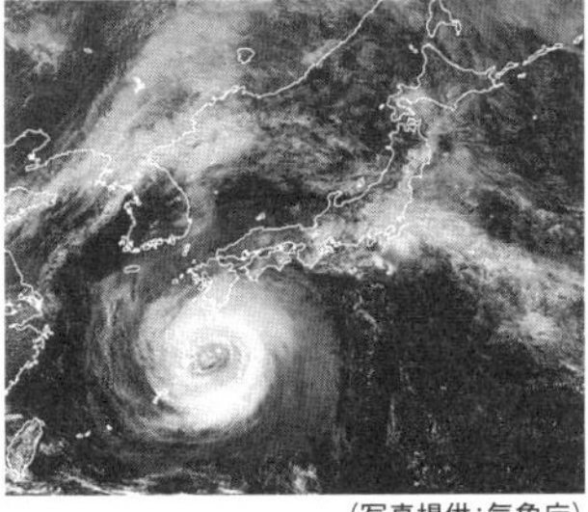

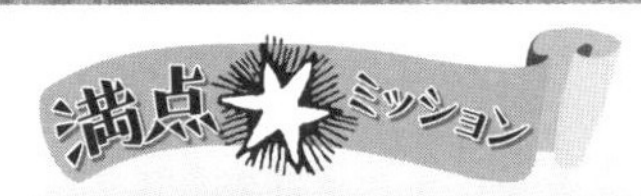

テストに出る！

予想問題　第３章　日本の天気

30分　/100点

1 大気の動きについて，次の問いに答えなさい。　5点×8〔40点〕

⑴ 日本が位置する中緯度地域の上空では，おおむねどのような風がふいているか。次のア，イから選びなさい。（　　）

ア　西から東に向かう強い風

イ　東から西に向かう強い風

⑵ ⑴の風のことを何というか。（　　　　）

⑶ 大陸と海洋を比べたとき，暖まりやすく冷めやすいのはどちらか。（　　　　）

⑷ 夏に空気が暖められて上昇し，気圧が低くなるのは，大陸と海洋のどちらか。

（　　　　）

⑸ ⑷のことから，日本付近では夏にどのような風がふくことが多いか。次のア〜エから選びなさい。（　　）

ア　北東の風　　イ　北西の風

ウ　南東の風　　エ　南西の風

⑹ 冬に気圧が低くなるのは，大陸と海洋のどちらか。（　　　　）

⑺ ⑹のことから，日本付近では冬にどのような風がふくことが多いか。⑸のア〜エから選びなさい。（　　）

⑻ ⑸や⑺でふく風のように，ある地域で季節ごとに決まってふく風を何というか。

（　　　　）

よく出る **2** 図１は日本付近の冬に見られる特徴的な天気図を，図２は冬の空気の動きを表したものである。これについて，あとの問いに答えなさい。　4点×4〔16点〕

図１

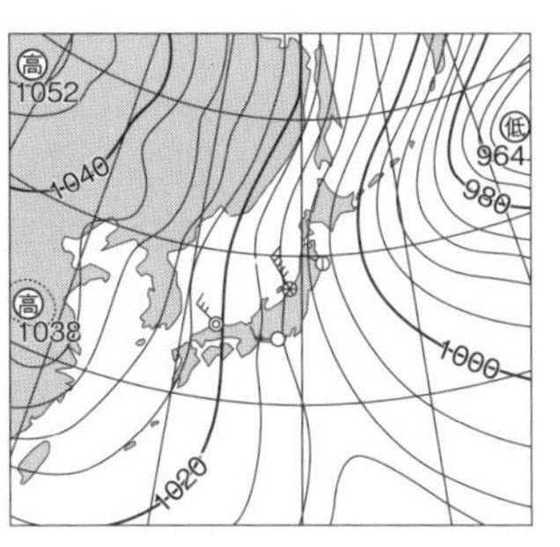

図２

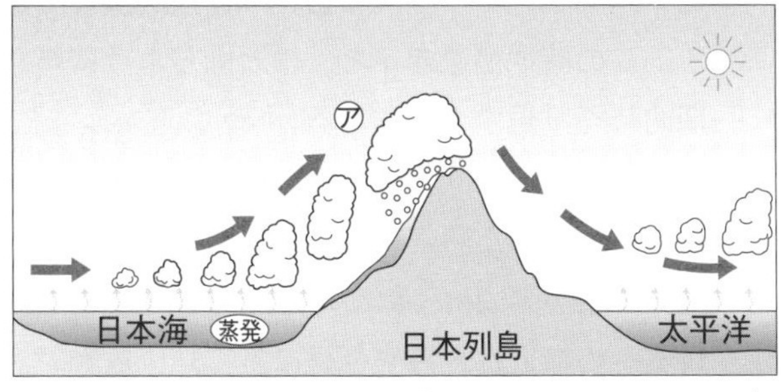

⑴ 日本の冬の天気に影響をあたえる気団を何気団というか。（　　　　）

⑵ 図１のような気圧配置を何型というか。（　　　　）

⑶ 図２の㋐で発達した雲は，日本海側にどのような天気をもたらすか。

（　　　　）

⑷ 図２で，太平洋側はどのような天気の日が多くなるか。

（　　　　）

3 図1は，初夏に見られる停滞前線に関係する2つの気団A，Bを表したものである。図2は，ある季節の天気図である。これについて，次の問いに答えなさい。 4点×6〔24点〕

(1) 図1のA，Bの気団の性質をそれぞれ次のア～エから選びなさい。

A（　　） B（　　）

ア 高温で乾燥した気団
イ 低温で乾燥した気団
ウ 高温で湿った気団
エ 低温で湿った気団

図1

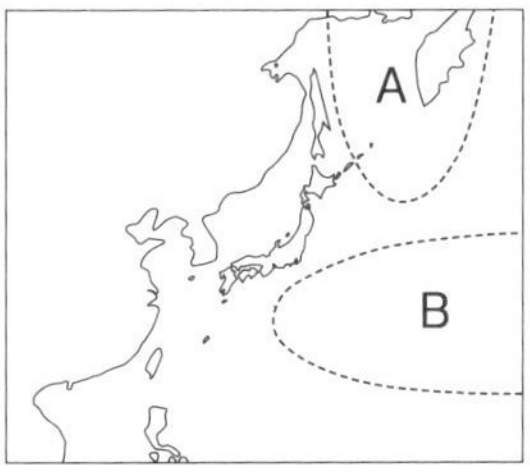

図2

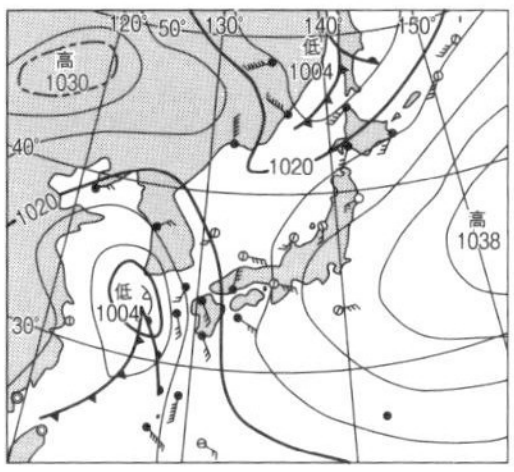

(2) 初夏に勢力がほぼつり合う，図1のA，Bの気団をそれぞれ何気団というか。

A（　　　　） B（　　　　）

(3) 初夏に生じる停滞前線を何というか。 （　　　　）

記述 (4) 図2の季節の日本列島では，同じ天気が長く続かず，晴れの天気とくもりや雨の天気がくり返される。その理由を「交互に」という言葉を使って簡単に答えなさい。

（　　　　）

よく出る **4** 台風について，次の問いに答えなさい。 4点×5〔20点〕

(1) 台風とは，何が発達したものか。 （　　　　）

(2) 天気図で見た台風について，次のア～カから正しいものをすべて選びなさい。

（　　　　）

ア 同心円状の等圧線によって囲まれている。
イ 等圧線が南北方向にならんでいる。
ウ 等圧線の間隔がせまい。
エ 等圧線の間隔が広い。
オ 前線をともなう。
カ 前線をともなわない。

(3) 台風の風について，次のア～エから正しいものを選びなさい。 （　　）

ア 地上では，中心に向かって時計回りに風がふきこむ。
イ 地上では，中心に向かって反時計回りに風がふきこむ。
ウ 地上では，中心から時計回りに風がふき出す。
エ 地上では，中心から反時計回りに風がふき出す。

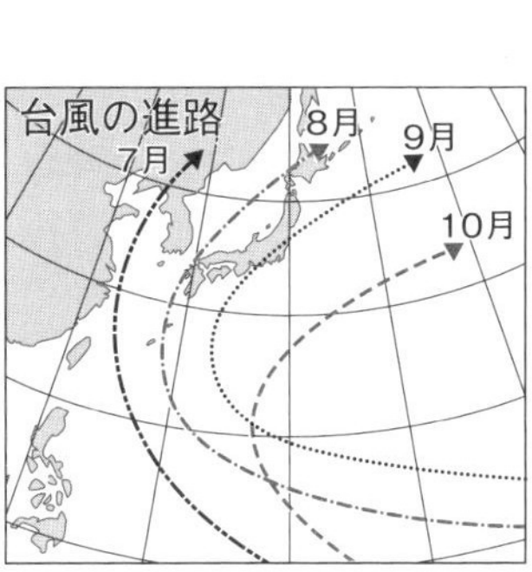

記述 (4) 右の図は，7月から10月までの代表的な台風の進路を表したものである。日本に接近するときに，台風の進路が東向きに変わることが多いのはなぜか。

（　　　　）

(5) 台風の中心付近では，上昇気流と下降気流のどちらが活発に生じているか。

（　　　　）

巻末特集　教科書で学習した内容の問題を解きましょう。

① 電流と電圧の関係 教 p.167

抵抗の大きさが分からない電熱線Aと，60Ωの電熱線Bをつなぎ，右の図のような回路をつくった。この回路に12.0Vの電圧を加えたところ，電流計㋑は0.4Aを示した。次の問いに答えなさい。

12.0V
㋐ Ⓐ
㋑ Ⓐ 0.4A 電熱線A
電熱線B 60Ω

⑴ 電熱線Aの電気抵抗は何Ωか。　(　　　　　)

⑵ 電流計㋐は，何Aを示すか。　(　　　　　)

⑶ この回路全体の電気抵抗は何Ωか。　(　　　　　)

⑷ 電熱線Aと電熱線Bの電力の比を求めなさい。

A：B＝(　　　　：　　　　)

② 化学変化と物質の質量 教 p.43

下の実験について，あとの問いに答えなさい。

❶石灰石0.5 gとうすい塩酸$40.0cm^3$を別々のふたのない容器に入れ，電子てんびんで全体の質量をはかった。

❷石灰石の入った容器に，うすい塩酸をすべて入れて混ぜ合わせると，気体が発生した。

❸気体が発生しなくなってから，反応後のようすを観察し，再び質量をはかった。

石灰石の質量を1.0g，1.5g，2.0g，2.5g，3.0gに変え，❶～❸の操作を行ったところ，石灰石2.5g，3.0gのときに，容器に石灰石の一部が残った。下の表は，それらの結果をまとめたものである。

石灰石の質量〔g〕		0.5	1.0	1.5	2.0	2.5	3.0
全体の質量〔g〕	反応前	51.5	52.0	52.5	53.0	53.5	54.0
	反応後	51.3	51.6	51.9	52.2	52.7	53.2

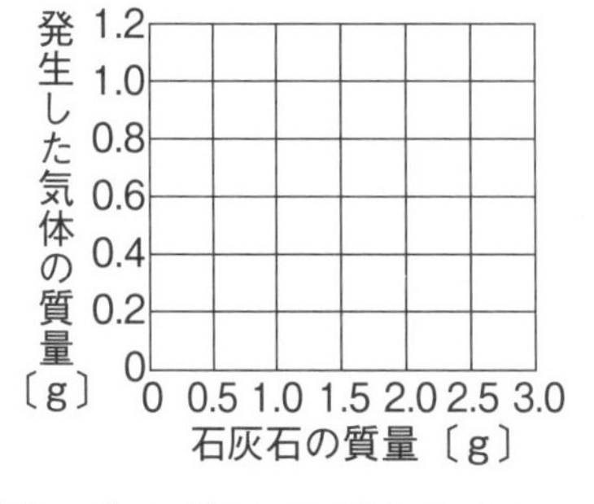

この実験で，石灰石の質量と発生した気体の質量との関係を，右のグラフに表しなさい。

③ 記述問題 教 p.136，180，221

次の問いに答えなさい。

⑴ 反射は，ヒトをはじめ多くの動物に備わっている反応である。この反応は，からだのはたらきを調節する以外に，動物が生きていく上で，どのようなことに役立っているか。

(　　　　　　　　　　　　　　　　　　　　)

⑵ 乾湿計は，晴れた日には乾球と湿球の差が大きいのはなぜか。

(　　　　　　　　　　　　　　　　　　　　)

⑶ 家庭では，1個のテーブルタップに，たくさんの電気器具を接続して，同時に使うと危険である理由を「並列」，「電流」の語を用いて説明しなさい。

(　　　　　　　　　　　　　　　　　　　　)

中間・期末の攻略本

取りはずして使えます！

解答と解説

学校図書版　理科2年

2－1　化学変化と原子・分子

第1章　物質のなりたちと化学変化(1)

p.2～p.3　ココが要点

㋐流れなかった。　㋑変化しなかった。
①化学変化　②酸化　③酸化物　④燃焼
⑤原子　⑥元素記号
㋒O　㋓C　㋔Fe
⑦周期表　⑧硫化鉄
㋕ついた。　㋖水素　㋗硫化水素
⑨硫化銅　⑩単体　⑪化合物

p.4～p.5　予想問題

1 (1)（空気中の）酸素と結びついたから。
(2)水素　(3)化学変化
(4)①酸化　②酸化物　③燃焼

2 (1)①酸素　②炭素　③銅
(2)①H　②Na　③S　(3)周期表

3 (1)ア，イ，オ　(2)単体　(3)化合物

4 (1)（光や熱が出て）変化が進む。
(2)硫化鉄　(3)つかない。　(4)硫化水素
(5)水素
(6)気体を吸いこまないように手であおぐようにする。
(7)硫化水素　(8)化合物

解説

1 (1)スチールウール（鉄）を加熱すると，空気中の酸素と結びつくため，酸素の分の質量が増える。
(2)スチールウール（鉄）にうすい塩酸を加えると，水素が発生する。
(3) **ポイント** スチールウール（鉄）は，電流が流れやすい。また，金属光沢をもち，うすい塩酸を加えると，気体が発生する。しかし，鉄と酸素が結びついてできた物質は，電流が流れない。また，黒っぽく，うすい塩酸に入れても変化がないことなどから，鉄とはちがう性質をもつ，まったく別の物質である。
(4)物質と酸素が結びつく化学変化を酸化といい，酸化によってできた物質を酸化物という。酸化の中でも，激しく熱や光を出しながら酸化することを，特に燃焼という。

2 (1)(2) **ミス注意！** 元素記号には，アルファベット1文字または2文字が使われる。2文字で表すときは，はじめの文字を大文字，次の文字を小文字にする。よく出てくる物質の元素記号は覚えておく。
(3) **参考** メンデレーエフが原子を質量順にならべて周期表のもとになるものをつくった。

3 (1)原子は，ほかの原子に変わったり，なくなったり，新しくできたりしない。
(3)原子がさまざまな組み合わせで結びついて化合物をつくっているので，原子の種類以上に物質の種類がある。

4 (1)硫黄と鉄を熱するとき，化学変化がはじまって赤くなったら加熱をやめる。加熱をやめても，化学変化で発生した熱によって化学変化は進む。実験のときは，試験管ばさみを使い，やけどに注意する。
(2)(3)加熱前のスチールウールは鉄なので，磁石につくが，硫化鉄には鉄の性質がなくなっているので，磁石につかない。
(4)硫化鉄をうすい塩酸に入れると，卵のくさったようなにおいのある硫化水素が発生する。
(5)スチールウール（鉄）は，うすい塩酸と反応して水素が発生する。
(6)硫化水素は有毒なので，吸いこまないように

する。実験で種類のわからない気体のにおいをかぐときは，吸いこまないように，手であおいでかぐ。
(7)水素にはにおいがない。
(8)硫化鉄は，鉄と硫黄の原子が結びついてできているので，化合物である。

第１章　物質のなりたちと化学変化(2)

p.6～p.7　ココが要点

①分子　②化学式
㋐単体　㋑化合物
③分解　④電気分解
㋒電源装置　㋓電気分解装置
⑤水素　⑥酸素　⑦熱分解　⑧二酸化炭素
⑨水

p.8～p.9　予想問題

1 (1)①水素　②アンモニア　③酸化銅
(2)① O_2　② Fe　③ NaCl
(3)①エ，カ，ク，ケ　②ア，イ，オ，コ
③ウ，キ
(4)ア，エ，オ

2 (1)電源装置
(2)電流を流れやすくするため。
(3)㋐　(4)音を立てて爆発的に燃える。
(5)水素　(6)炎を上げて激しく燃える。
(7)酸素　(8)２：１　(9)分解

3 (1)できた液体が試験管Aの底に流れないようにするため。
(2)ウ　(3)水上置換法
(4)白くにごる。　(5)エ
(6)うすい赤色（桃色）　(7)イ　(8)イ
(9)炭酸ナトリウム，二酸化炭素，水

4 (1)電気分解　(2)熱分解

解説

1 (1)(2)物質を，元素記号を使って表したものを化学式という。
(3) ミス注意！ 物質には，純粋な物質と混合物がある。純粋な物質には，１種類の原子からなる単体と，２種類以上の原子からなる化合物がある。砂糖水は砂糖と水が混ざっている混合物で，空気は窒素や酸素などが混ざっている混合物である。
(4)二酸化炭素分子は，酸素原子２個と炭素原子１個が結びついている。酸素原子１個と水素原子２個が結びついたものは，水分子である。塩化ナトリウムは，分子のまとまりがない物質である。

2 (2) ポイント 純粋な水は電流が流れないので，うすい水酸化ナトリウム水溶液にして電流を流れやすくする。
(3)電源装置の－極に接続されている電極を陰極，＋極に接続されている電極を陽極という。
(4)～(7)水に電流を流すと，陰極側で水素が，陽極側で酸素が発生する。水素にマッチの炎を近づけると，水素がポンと音を立てて爆発的に燃える。酸素に火のついた線香を入れると，線香が炎を上げて激しく燃える。
(8)陰極側は水素，陽極側は酸素。その体積比は，水素：酸素＝２：１となる。水素が酸素の２倍の体積である。

3 (1)加熱してできた液体が試験管の底に流れると，試験管が割れる可能性がある。
(2)ガラス管の先を水に入れたまま火を消すと，ガラス管を通して試験管Aに水そうの水が逆流し，試験管が割れる可能性がある。
(3)気体を集める方法のひとつである。水に溶けにくい気体を集めるのに適している。
(4)試験管Bには二酸化炭素が集められる。二酸化炭素には，石灰水を白くにごらせる性質がある。
(5)二酸化炭素は燃えない気体で，ものを燃やすはたらきもない。また，無色無臭である。
(6)試験管Aの口もとについた液体は水である。水には，青色の塩化コバルト紙をうすい赤色（桃色）に変える性質がある。
(7)(8)加熱後試験管Aに残った物質は炭酸ナトリウムである。炭酸水素ナトリウムは水に少し溶け，その水溶液は弱いアルカリ性を示す。炭酸ナトリウムは水によく溶け，その水溶液は強いアルカリ性を示す。フェノールフタレイン溶液は，アルカリ性の水溶液に加えると赤色になり，アルカリ性が強いほど濃い赤色を示す。

4 (1)水──→水素＋酸素　という化学変化が起きる。

(2)炭酸水素ナトリウム⟶炭酸ナトリウム＋二酸化炭素＋水　という化学変化が起きる。

第２章　化学変化と物質の質量(1)

p.10～p.11　ココが要点

①硫酸バリウム　②二酸化炭素
③質量保存の法則　④化学反応式　⑤H_2O
⑥H_2　⑦O_2
⑧Cu　⑨CuO　⑩Mg　⑪MgO
⑫4：1

p.12～p.13　予想問題

1 (1)①組み合わせ　②数
(2)質量保存の法則　(3)CO_2　(4)イ
(5)発生した二酸化炭素が容器の外に出ていったから。

2 (1)ウ　(2)$2H_2O \longrightarrow 2H_2 + O_2$
(3)化学反応式　(4)$2Mg + O_2 \longrightarrow 2MgO$

3 (1)0.4g
(2)右図
(3)3：2
(4)0.8g
(5)1.2g
(6)0.3g

4 (1)酸化銅
(2)CuO　(3)ある。　(4)4：1
(5)1.0g　(6)0.2g
(7)$2Cu + O_2 \longrightarrow 2CuO$　(8)3個
(9)イ

解説

1 (1) ポイント 化学変化の前後で，物質をつくる原子の組み合わせは変化するが，原子がなくなったり，新しくできたりはしない。
(2)化学変化の前後で，質量は変化しないという法則を質量保存の法則という。質量保存の法則は気体が発生する反応でも沈殿ができる反応でもなりたつ。
(3)石灰石とうすい塩酸を反応させると，二酸化炭素が発生する。この反応の化学反応式は，
$CaCO_3 + 2HCl \longrightarrow CaCl_2 + CO_2 + H_2O$
と表せる。
(4)(5)密閉容器の中で反応させると，質量保存の法則がなりたつので，全体の質量は反応前後で変化しない。しかし，ペットボトルのふたをゆるめると，発生した気体が空気中に出ていくため，その分だけ全体の質量が減る。

2 (1)水（H_2O）は，酸素原子１個と水素原子２個が結びついている。水素（H_2）は，水素原子２個，酸素（O_2）は，酸素原子２個が結びついてできている。
ア…酸素のモデルが正しく表されていない。
イ…化学変化の前後で，水素原子の数が合っていない。
(4)マグネシウムが酸素と結びついて，酸化マグネシウムができる。
❶物質を化学式で表す。⟶の左側に変化前の物質（Mg，O_2）を書き，右側に変化後の物質（MgO）を書く。（$Mg + O_2 \longrightarrow MgO$）
❷矢印の左右で酸素原子の数が異なるので，右側の酸化マグネシウムを１個増やす。
（$Mg + O_2 \longrightarrow 2MgO$）
❸矢印の左右でマグネシウム原子の数が異なるので，左側のマグネシウムを１個増やす。
（$2Mg + O_2 \longrightarrow 2MgO$）

3 (1)酸化物の質量とマグネシウムの質量の差が結びついた酸素の質量になる。
$1.0 - 0.6 = 0.4$〔g〕
(2)(1)と同様に，$2.0 - 1.2 = 0.8$〔g〕，
$3.0 - 1.8 = 1.2$〔g〕
(3)0.6gのマグネシウムと0.4gの酸素が結びついているので，結びつくマグネシウムと酸素の質量の比は，
マグネシウム：酸素＝0.6：0.4＝3：2
(4) ミス注意！ 1.5gのマグネシウムが2.3gになったので，マグネシウムと結びついた酸素は，
$2.3 - 1.5 = 0.8$〔g〕
(5)結びつくマグネシウムと酸素の質量の比は(3)より3：2なので，0.8gの酸素と結びついたマグネシウムの質量をxgとすると，
$3 : 2 = x : 0.8$より，$x = 1.2$〔g〕
(6)(5)より酸素と結びついたマグネシウムが1.2gで，はじめにあったマグネシウムが1.5gなので，酸素と結びつかずに残っているマグネシウムは，$1.5 - 1.2 = 0.3$〔g〕

4 (4)グラフより，2.0gの銅が酸素と結びついて，

2.5gの酸化銅になっている。したがって，
2.5 − 2.0 = 0.5〔g〕の酸素が結びついている。
よって，銅と酸素の質量の比は，
銅：酸素 = 2.0：0.5 = 4：1
(5)銅の質量と酸化銅の質量の比はグラフより
2.0：2.5 = 4：5なので，0.8gの銅が酸素と結びついてできた酸化銅の質量をxgとすると，
4：5 = 0.8：x　より，x = 1.0〔g〕
(6)(5)より0.8gの銅と酸素が結びついて1.0gの酸化銅ができたので，結びついた酸素の質量は，
1.0 − 0.8 = 0.2〔g〕
(7)(8)銅の酸化は，$2Cu + O_2 \longrightarrow 2CuO$
と表すことができる。この化学反応式より，銅原子2個と酸素分子1個が結びついて，酸化銅が2個できることがわかる。結びつく銅原子と酸素分子の数の比は2：1であることから，銅原子6個と結びつく酸素分子の数は3個であることがわかる。
(9) ミス注意！ 銅原子8個と結びつく酸素分子は4個である。よって，酸素分子が4個反応せずに残る。このように，反応する物質に過不足があるときは，多い方の物質が化学変化せずに残る。

第2章　化学変化と物質の質量(2)
第3章　化学変化の利用

p.14～p.15　ココが要点

①二酸化炭素　②水　③銅　④塩素　⑤銀
⑥酸素　⑦酸素　⑧還元
㋐白くにごる　㋑還元　㋒酸化
⑨Cu　⑩CO_2　⑪発熱反応　⑫吸熱反応
㋓酸化鉄

p.16～p.17　予想問題

1 (1)赤色（桃色）　(2)水
(3)$2H_2 + O_2 \longrightarrow 2H_2O$
2 (1)$CuCl_2$　(2)Cl_2　(3)Cu
(4)$CuCl_2 \longrightarrow Cu + Cl_2$
3 (1)線香が炎を上げて燃える。
(2)白色　(3)光る。　(4)銀，酸素
(5)$2Ag_2O \longrightarrow 4Ag + O_2$
4 (1)赤色　(2)銅　(3)白くにごる。
(4)二酸化炭素
(5)C…還元　D…酸化
(6)石灰水が試験管の中へ逆流するのを防ぐため。
(7)$2CuO + C \longrightarrow 2Cu + CO_2$
(8)$CuO + H_2 \longrightarrow Cu + H_2O$
5 (1)イ　(2)イ　(3)吸熱反応

解説

1 (1)(2)水素と酸素が結びつき，水ができる。青色の塩化コバルト紙は，水に触れると赤色（桃色）に変化する。
(3) 参考 水の電気分解と逆の化学変化が起こる。
2 (1)～(3)塩化銅水溶液に電流を流すと，塩化銅（$CuCl_2$）は銅（Cu）と塩素（Cl_2）に分解できる。このとき，銅は陰極に付着し，塩素は陽極から発生する。
(4) ポイント $\longrightarrow$の左側に変化前の物質（$CuCl_2$）を書き，右側に変化後の物質（Cu, Cl_2）を書く。$\longrightarrow$の左右で原子の数が等しいことを確認する。
3 (1)試験管Bには，酸素が集められる。酸素にはものを燃やすはたらきがあるので，線香が炎を上げて激しく燃える。酸素そのものは燃えない。
(2)黒色の酸化銀を加熱すると，試験管Aには白色の固体が残る。この固体は銀である。
(3)銀は，こすると光る（金属光沢が出る），たたくと広がる，電気を通すなどの金属に共通した性質を示す。
(4)酸化銀は，試験管Bに集まった酸素と，試験管Aに残った銀の2つの物質に分解される。
(5) ポイント 酸化銀（Ag_2O）は，銀原子2個と酸素原子1個の組み合わせで代表させて表す。
❶物質を化学式で表す。（$Ag_2O \longrightarrow Ag + O_2$）
❷矢印の左右で酸素原子の数が異なるので，左側に酸化銀を1個増やす。
（$2Ag_2O \longrightarrow Ag + O_2$）
❸矢印の左右で銀原子の数が異なるので，右側に銀原子を3個増やす。
（$2Ag_2O \longrightarrow 4Ag + O_2$）
4 (1)(2)酸化銅と炭素の混合物を加熱すると，試験管には赤色の銅が残る。銅は金属なので，こすると金属光沢が見られる。

(3)(4)酸化銅と炭素の混合物を加熱すると，二酸化炭素が発生するため，石灰水が白くにごる。
(5) ポイント 酸化銅は，炭素によって酸素を取り除かれ，銅に変化している。このように，酸化物から酸素が取り除かれる化学変化を還元という。このとき，炭素は酸化銅から取り除いた酸素によって酸化され，二酸化炭素になっている。このように，還元が起こるときには酸化も同時に起こっている。
(6) ミス注意! 石灰水が試験管の中に逆流して試験管が割れるのを防ぐため，火を消す前に石灰水からガラス管を引きぬいておく。
(7)酸化銅の化学式はCuO，炭素の化学式はC，銅の化学式はCu，二酸化炭素の化学式はCO_2である。
(8)酸化銅に水素を送りながら加熱すると，酸化銅が水素によって還元され，銅になる。また，水素は酸化銅から取り除いた酸素によって酸化され，水になる。この化学変化は，
酸化銅＋水素⟶銅＋水
と表すことができる。
酸化銅の化学式はCuO，水素の化学式はH_2，銅の化学式はCu，水の化学式はH_2Oである。⟶の左側に変化前の物質（CuO，H_2）を書き，右側に変化後の物質（Cu，H_2O）を書く。⟶の左右で原子の数が等しいことを確認する。

5 化学変化には,熱の出入りがともなっている。クエン酸水溶液に炭酸水素ナトリウムを入れてよく混ぜると，二酸化炭素などが発生する。このとき，外部から熱を吸収し，温度が下がる。このように，温度が下がる反応を吸熱反応という。反対に，化学反応のときに外部に熱を放出し，温度が上がることもある。このように，温度が上がる反応を発熱反応という。発熱反応には，マグネシウムと塩酸の反応や，酸化などがある。

2－2　動植物の生きるしくみ

第１章　生物のからだと細胞
第２章　植物のつくりとはたらき(1)

p.18～p.19 ココが要点

①細胞　②細胞呼吸　③単細胞生物　④核
⑤細胞質　⑥細胞膜　⑦葉緑体　⑧細胞壁
㋐細胞壁　㋑液胞　㋒葉緑体　㋓細胞膜
⑨多細胞生物
⑩根毛　⑪道管　⑫師管　⑬維管束
㋔師管　㋕維管束
⑭気孔　⑮蒸散
㋖葉脈（維管束）　㋗気孔

p.20～p.21 予想問題

1 (1)B　(2)㋐
(3)①記号…㋔　名称…細胞壁
②記号…㋓，㋕　名称…核
③記号…㋑　名称…葉緑体
(4)細胞質　(5)ウ

2 (1)単細胞生物
(2)A…オ　B…イ　(3)多細胞生物
(4)①組織　②器官

3 (1)イ　(2)①A　②B　(3)道管

4 (1)葉脈　(2)ウ　(3)細胞　(4)葉緑体
(5)孔辺細胞　(6)気孔　(7)蒸散

解説

1 (1)Aには細胞壁があることから，Aが植物の細胞で，Bが動物の細胞であるとわかる。
(2)(3) ポイント ㋐は液胞，㋑は葉緑体，㋒は細胞膜，㋓は核，㋔は細胞壁，㋕は核，㋖は細胞膜である。
(4)植物の細胞も動物の細胞も，核のまわりの部分を細胞質という。細胞質には，核と細胞壁以外のすべてがふくまれる。
(5)染色液を使うと，核を染めることができる。

2 (4) ミス注意! 多細胞生物のからだの中では，いろいろな器官が集まってはたらいている。器官は，いくつかの組織が集まってできていて，決まった形とはたらきをもつ。組織は，はたらきが同じ細胞が多数集まってできている。細胞は，いろいろな形や大きさをしていて，生物のからだを構成する基本単位である。

3 (2) **ポイント** ホウセンカの茎の維管束は輪状にならんでいて，トウモロコシの茎の維管束は全体に散らばっている。
(3)根から吸収された水や水に溶けた無機養分が通る管を道管という。根を赤い色水にさしておくと，水の通り道である道管が赤く染まる。葉でつくられた養分が通る管を師管といい，道管と師管がまとまって束のようになった部分を維管束という。維管束は，根から茎，葉へとつながっている。

4 (1)葉の表面に見られるすじを葉脈という。葉脈は茎の維管束が枝分かれしたものである。
(2)維管束（葉脈）は，道管と師管が集まっているので，水や水に溶けた無機養分，葉でつくられた養分が通る。空気は通らない。
(4)葉の細胞の中にたくさん見られる緑色の粒を葉緑体という。植物の葉が緑色に見えるのは，葉緑体をもつためである。
(5)(6)葉の表皮には，ところどころに孔辺細胞が見られる。孔辺細胞に囲まれた小さなすき間を気孔といい，気体が出入りしている。
(7)蒸散は気孔で行われる。

第２章　植物のつくりとはたらき(2)

p.22～p.23 ココが要点

①光合成　②青紫色　③ヨウ素デンプン反応
④葉緑体　⑤二酸化炭素
⑥水　⑦デンプン　⑧酸素
㋐デンプン　㋑酸素
⑨呼吸

p.24～p.25 予想問題

1 (1)イ　(2)エタノール　(3)B　(4)イ
(5)葉緑体

2 (1)A　(2)二酸化炭素　(3)光合成

3 (1)A　(2)白くにごった。
(3)二酸化炭素　(4)呼吸　(5)ウ

4 (1)㋐　(2)A…呼吸　B…光合成
(3)気孔　(4)二酸化炭素　(5)酸素

解説

1 (2)温めたエタノールにつけて葉を脱色すると，ヨウ素デンプン反応の色の変化が見やすくなる。
(3)ふの部分には葉緑体がないので白っぽい。
(4)デンプンができていると，ヨウ素液に入れたときに青紫色に変化する。
(5)Bの部分には葉緑体がないので光合成が行われず，デンプンはできていない。デンプンができてヨウ素デンプン反応が見られたのは，葉緑体があるAの部分だけである。このことから，光合成には葉緑体が必要であることがわかる。

2 息をふきこんだ試験管A～Dには二酸化炭素がふくまれていた。Aのアジサイの葉には日光が当たっていたので光合成が行われ，試験管内の二酸化炭素がなくなっている。Bのアジサイの葉には日光が当たっていなかったので呼吸が行われ，試験管内の二酸化炭素は増えている。C，Dにはアジサイの葉が入っていなかったので，試験管内の二酸化炭素はそのまま残っている。したがって，石灰水が白くにごらなかったのはAだけである。

3 暗いところにおいたAの野菜は光合成を行わず，呼吸だけを行ったため，袋の中の二酸化炭素が増えたと考えられる。石灰水は，二酸化炭素を通すと白くにごる性質がある。Bの袋も用意したのは，対照実験を行うためである。Bの空気は石灰水を白くにごらせないことから，二酸化炭素が増えたのは，野菜のはたらきによることが確認できる。

4 (1)(2)植物が酸素を取り入れて二酸化炭素を出すはたらきを，呼吸という。また，植物が光合成を行うとき，二酸化炭素を取り入れて酸素が出される。呼吸は昼も夜も常に行われているが，光合成は光の当たらない夜には行われない。このことから，呼吸のはたらきだけが行われている㋐は，夜のようすを表していることがわかる。
(4)(5) **ポイント** 呼吸よりも光合成がさかんに行われる昼は，呼吸で出す二酸化炭素の量よりも光合成で取り入れる二酸化炭素の量のほうが多くなるので，植物全体として二酸化炭素を取り入れているようにみえる。また，呼吸で取り入れる酸素の量よりも光合成で出す酸素の量のほうが多くなるので，植物全体として酸素を出しているようにみえる。

第３章　動物のつくりとはたらき⑴

p.26～p.27 ココが要点

①動脈　②静脈　③循環系　④肺循環
⑤酸素　⑥二酸化炭素　⑦呼吸器官　⑧呼吸系
⑨気管　⑩肺　⑪肺胞
㋐気管　㋑気管支　㋒肺胞
⑫消化管　⑬消化系　⑭消化酵素
⑮アミラーゼ　⑯柔毛　⑰毛細血管
⑱リンパ管

p.28～p.29 予想問題

1 ⑴D　⑵B　⑶㋐　⑷㋐
⑸弁　⑹血流が逆もどりすること。
⑺体循環　⑻肺循環　⑼循環系

2 ⑴肺胞　⑵酸素　⑶二酸化炭素
⑷肺の表面積が大きくなり，二酸化炭素と酸素を交換する効率を高めていること。

3 ⑴消化酵素　⑵アミラーゼ
⑶㋑胃液　㋓すい液　⑷胆のう
⑸B…アミノ酸　C…ブドウ糖
⑹柔毛
⑺再び脂肪に合成されてリンパ管に入る。
⑻肝臓

4 ⑴記号…㋐　色…青紫色　⑵㋓
⑶だ液がデンプンを麦芽糖（ばくがとう）などに変化させたこと。

解説

1 ⑴⑵ ミス注意！ 心臓を正面から見ているので，図の左側が右心房と右心室，図の右側が左心房と左心室である。Aは右心房，Bが右心室，Cは左心房，Dは左心室を表す。大静脈を通って心臓にもどってきた血液は，A，Bを通って肺動脈に流れ出す。肺静脈を通って心臓にもどってきた血液は，C，Dを通って大動脈に流れ出し，全身をめぐる。

2 ⑴～⑶肺胞の外側には毛細血管が取りまいていて，血液中の二酸化炭素は毛細血管から肺胞中に放出される。同時に，酸素が肺胞から血液中に取りこまれる。
⑷ ポイント 肺胞があることで，肺の表面積を大きくして，二酸化炭素と酸素を交換する効率をよくしている。

3 ⑵アミラーゼはデンプンを分解する。
⑶⑷㋐はだ液，㋑は胃液，㋒は胆汁，㋓はすい液である。㋔は小腸の壁から出る消化酵素を表している。胆汁には消化酵素はふくまれない。
⑸ ポイント タンパク質は分解されてアミノ酸になり，デンプンは分解されてブドウ糖になる。また，脂肪は分解されて脂肪酸とモノグリセリドになる。
⑹～⑻消化された養分は，小腸の柔毛で吸収される。アミノ酸とデンプンは毛細血管に吸収され，血液とともに肝臓をへて全身に運ばれる。肝臓では，ブドウ糖の一部がグリコーゲンに合成されてたくわえられたり，アミノ酸の一部がタンパク質に合成されたりする。脂肪酸とモノグリセリドは柔毛に吸収された後，再び脂肪となりリンパ管へ入る。リンパ管はやがて血管と合流し，脂肪が血液中に入る。

4 ⑴⑵ ポイント デンプンが分解されずに残っていると，ヨウ素液を加えたときに青紫色に変化する。デンプンがだ液によって分解されていると，ベネジクト液を加えて加熱したときに，赤褐色に変化する。

第３章　動物のつくりとはたらき⑵

p.30～p.31 ココが要点

①赤血球　②白血球　③組織液　④尿素
⑤腎臓
㋐腎臓　㋑ぼうこう
⑥運動器官　⑦関節　⑧けん
⑨感覚器官　⑩感覚細胞
㋒網膜　㋓うずまき管
⑪神経細胞　⑫中枢神経　⑬感覚神経
⑭運動神経　⑮脳　⑯反射　⑰脊ずい

p.32～p.33 予想問題

1 ⑴赤血球　⑵ヘモグロビン　⑶ア，エ
⑷組織液　⑸酸素，養分
⑹二酸化炭素，水

2 ⑴㋐腎臓　㋑ぼうこう　⑵肝臓
⑶尿素　⑷尿

3 ⑴㋐　⑵けん　⑶関節

4 ⑴目…光　耳…音

(2)目…視覚　耳…聴覚
(3)記号…㋑　名称…網膜
(4)記号…㋖　名称…うずまき管
(5)脳

5 (1)A…脳　B…脊ずい　(2)中枢神経
(3)末しょう神経　(4)㋒→㋑→㋕→㋐→㋔
(5)反射　(6)㋒→㋓→㋔
(7)危険から身を守ること。
からだのはたらきを調節すること。
などから1つ。

解説

1 (5)(6) **ポイント** からだの細胞は，細胞のすき間を満たしている組織液から酸素と養分を受け取り，細胞呼吸でできる二酸化炭素と水を組織液に排出している。

2 有害なアンモニアは肝臓で尿素という無害な物質に変えられる。尿素は腎臓で血液中からこしとられて，尿になる。尿はぼうこうにためられた後，体外に排出される。

3 (1)(3)うでは，筋肉のはたらきによって，関節の部分で曲げられる。
(2)けんは，関節をまたいで別べつの骨についているので，筋肉を動かすと骨格が動く。

4 (3)㋐はレンズ，㋑は網膜，㋒はガラス体，㋓はこうさいである。光の刺激を受け取るための感覚細胞は，網膜に集まっている。
(4)㋔は耳小骨，㋕は鼓膜，㋖はうずまき管である。音の刺激を受け取るための感覚細胞は，うずまき管に集まっている。

5 (1)~(3)脳や脊ずいを中枢神経といい，中枢神経から枝分かれしている神経を末しょう神経という。全身の神経をまとめて神経系という。
(4)意識して起こす反応では，刺激の信号が感覚神経→脊ずい→脳と伝わる。脳では刺激に対する反応の命令を出し，その信号が脳→脊ずい→運動神経と伝わって反応が起こる。
(5)~(7) **ポイント** 反射では，刺激の信号が感覚神経→脊ずいと伝わり，脊ずいから直接刺激に対する反応の命令が出される。その信号が脊ずい→運動神経と伝わって反応が起こる。そのため，刺激から反応までの時間が短く，危険からすばやく身を守ることやからだのはたらきを調節することなどに役立っている。

2－3　電流とそのはたらき

第1章　電流と電圧(1)

p.34～p.35 ココが要点

①回路　②回路図
㋐ ─┤├─　㋑⊗　㋒Ⓐ　㋓Ⓥ
③アンペア　④＋端子　⑤－端子
⑥直列回路　⑦並列回路　⑧電圧　⑨ボルト
⑩並列
㋔電圧計　㋕電流計

p.36～p.37 予想問題

1 (1)電流計…Ⓐ　電圧計…Ⓥ
(2)電流計…直列　電圧計…並列
(3)電流計…ウ　電圧計…カ
(4)電流…300mA　電圧…10.50V

2 (1)直列回路
(2)右図

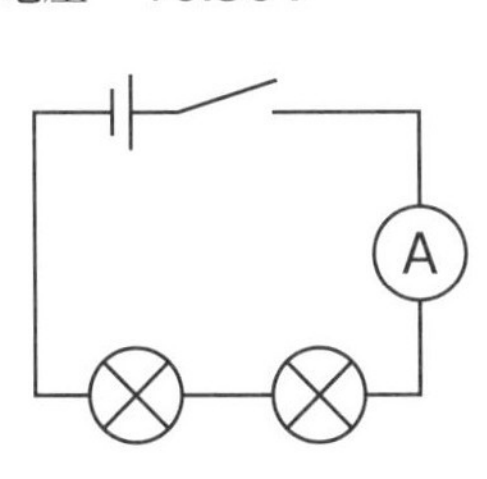

(3)㋐　(4)B
(5)I_2…350mA
I_3…350mA
(6)ア

3 (1)並列回路
(2)右図

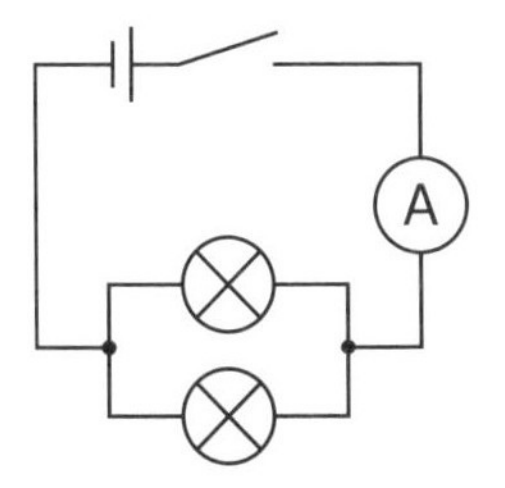

(3)I_3…120mA
I_4…360mA
(4)ウ

4 (1)等しい。
(2)1.40V
(3)2.90V
(4)㋘㋙間…2.00V　㋕㋚間…2.00V

解説

1 (2)電流計を回路に並列につなぐとこわれてしまうので，絶対にやってはいけない。
(3) **ポイント** 電流や電圧の大きさが予想できないときは，まずいちばん大きい－端子につなぎ，指針のふれが小さければ，より小さい－端子につなぎ変え，値が読み取りやすいようにする。
(4)電流計は，500mAの－端子なので，下側の目盛りの数字を読んで10倍する（いちばん右が500mAとなるように目盛りを読み取る）。電圧計は，15Vの－端子なので下側の目盛りの数字を読み取る。

2 (1)電流の流れる道すじが枝分かれしないで1本につながっている回路を直列回路という。

(3)電流は，電源の＋極から出て，回路を通って－極に入る向きに流れると決められている。

(4) ミス注意! 電流計の＋端子は，電源の＋極側につなぐ。

(5)(6)直列回路では，電流の大きさはどこでも同じになる。よって，

$I_1 = I_2 = I_3 = 350\text{mA}$

3 (1)電流の流れる道すじが途中で枝分かれしている回路を並列回路という。

(3)(4)並列回路では，枝分かれする前の電流の大きさは，枝分かれした後の電流の大きさの和と等しく，合流後の電流の大きさとも等しい。I_1が360mA，I_2が240mAなので，

$I_3 = 360 - 240 = 120$〔mA〕

$I_4 = I_1 = 360$〔mA〕

4 (1)豆電球にかかる電圧と，電源の電圧は等しくなる。

(2)3Vの－端子につないでいるので，下側の目盛りの数字を読み取る。

(3)直列回路では，それぞれの豆電球にかかる電圧の大きさの和が全体にかかる電圧の大きさに等しくなるので，㋒㋔間にかかる電圧は，㋒㋓間にかかる電圧と㋓㋔間にかかる電圧の和になる。よって，㋒㋔間にかかる電圧は，

1.40 + 1.50 = 2.90〔V〕

(4)並列回路では，枝分かれしたあとの各豆電球にかかる電圧の大きさと，回路全体にかかる電圧の大きさは等しくなるので，㋖㋗間，㋘㋙間，㋕㋚間にかかる電圧は等しく，2.00Vである。

第1章　電流と電圧(2)

p.38～p.39 ココが要点

①オーム の法則　②電気抵抗　③オーム
④導体　⑤不導体　⑥電力　⑦ワット
㋐時間　㋑電力
⑧ジュール　⑨電力量
⑩ワット秒　⑪キロワット時

p.40～p.41 予想問題

1 (1)0.4A　(2)3V　(3)15Ω

2 (1)右図
(2)比例(の関係)
(3)オームの法則
(4)B　(5)B
(6)30Ω
(7)①0.3A
②5V　③9Ω

電流 I〔A〕
電圧 V〔V〕
A
B

3 (1)20Ω　(2)0.5A　(3)10V　(4)2A
(5)5Ω

4 (1)0.5A　(2)15Ω　(3)2.5V
(4)5Ω　(5)20Ω

5 (1)3Ω　(2)2A　(3)3V
(4)7.5V　(5)0.6A　(6)7.5Ω

解説

1 (1)(2)グラフより読み取る。

(3) $\dfrac{6〔V〕}{0.4〔A〕} = 15〔Ω〕$

2 (1) ミス注意! 100mA = 0.1A　である。

(2)(3) ポイント 抵抗器を流れる電流の大きさは，抵抗器にかかる電圧の大きさに比例するという法則を，オームの法則という。

(4)(5)抵抗器A，Bに同じ電圧をかけたとき，抵抗器Bに流れる電流の方が小さい。つまり，抵抗器Bは抵抗器Aよりも電流が流れにくく，抵抗が大きい。

(6) $\dfrac{6.0〔V〕}{0.2〔A〕} = 30〔Ω〕$

(7)① $\dfrac{6〔V〕}{20〔Ω〕} = 0.3〔A〕$

②10〔Ω〕× 0.5〔A〕= 5〔V〕

③ $\dfrac{4.5〔V〕}{0.5〔A〕} = 9〔Ω〕$

3 (1)抵抗を直列につないだとき，回路全体の抵抗は２つの抵抗の和になる。

10 + 10 = 20〔Ω〕

(2) $\frac{10\,[\mathrm{V}]}{20\,[\Omega]} = 0.5\,[\mathrm{A}]$

(3)並列回路なので，電源の電圧とそれぞれの抵抗にかかる電圧は等しい。

(4)抵抗器Ａに流れる電流は，

$\frac{10\,[\mathrm{V}]}{10\,[\Omega]} = 1\,[\mathrm{A}]$

もう一方の抵抗器にも同様に１Ａの電流が流れるので，㋐を流れる電流は，1 + 1 = 2〔A〕

(5)回路全体の電圧が10V，電流が２Ａなので，

$\frac{10\,[\mathrm{V}]}{2\,[\mathrm{A}]} = 5\,[\Omega]$

並列回路では，回路全体の抵抗の大きさは，それぞれの抵抗より小さくなる。

4 (1) **ポイント** 直列回路では，どこでも電流の大きさは同じである。

(2) $\frac{7.5\,[\mathrm{V}]}{0.5\,[\mathrm{A}]} = 15\,[\Omega]$

(3) **ポイント** 直列回路では，それぞれの抵抗にかかる電圧の和と電源の電圧が等しい。

10.0 − 7.5 = 2.5〔V〕

(4) $\frac{2.5\,[\mathrm{V}]}{0.5\,[\mathrm{A}]} = 5\,[\Omega]$

(5) $\frac{10.0\,[\mathrm{V}]}{0.5\,[\mathrm{A}]} = 20\,[\Omega]$

(別解) 抵抗を直列につないだときは回路全体の抵抗が２つの抵抗の和になることから，

15 + 5 = 20〔Ω〕

5 (1) $\frac{4.5\,[\mathrm{V}]}{1.5\,[\mathrm{A}]} = 3\,[\Omega]$

(2) $\frac{6\,[\mathrm{V}]}{3\,[\Omega]} = 2\,[\mathrm{A}]$

(3)2〔Ω〕× 1.5〔A〕= 3〔V〕

(4)回路全体の抵抗は，10 + 5 = 15〔Ω〕

15〔Ω〕× 0.5〔A〕= 7.5〔V〕

(5)各抵抗に流れる電流は，

$\frac{3\,[\mathrm{V}]}{10\,[\Omega]} = 0.3\,[\mathrm{A}]$

なので，回路全体を流れる電流は，

0.3 + 0.3 = 0.6〔A〕

(6) **ミス注意！** 15Ωの抵抗にかかる電圧は３Ｖなので，この抵抗に流れる電流は，

$\frac{3\,[\mathrm{V}]}{15\,[\Omega]} = 0.2\,[\mathrm{A}]$

したがって，もう一方の抵抗に流れる電流は，

0.6 − 0.2 = 0.4〔A〕

この抵抗にかかる電圧は３Ｖなので，抵抗は，

$\frac{3\,[\mathrm{V}]}{0.4\,[\mathrm{A}]} = 7.5\,[\Omega]$

p.42～p.43 予想問題

1 (1)導体　(2)不導体(絶縁体)　(3)ガラス，ゴム　(4)半導体

2 (1)4Ω　(2)電力　(3)9W　(4)2160J　(5)2160J　(6)2100J　(7)3A　(8)36W

3 (1)1.5A　(2)1350J　(3)3.2℃　(4)右図　(5)比例(の関係)　(6)ア

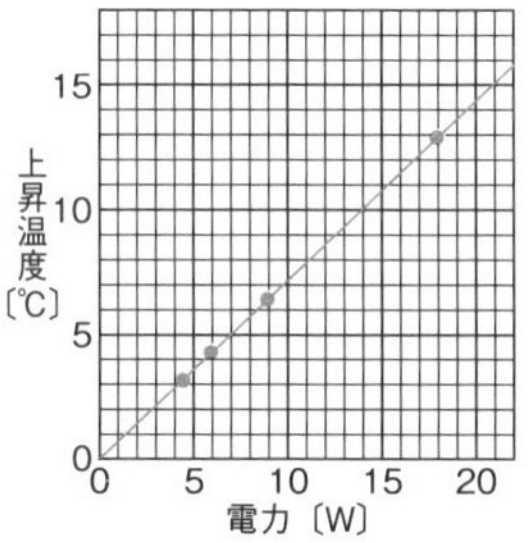

上昇温度〔℃〕 / 電力〔W〕

4 (1)4A　(2)700W　(3)電熱器　(4)2880000J　(5)800Wh　(6)0.8kWh

解説

1 (3)表中の物質から，抵抗が大きく，電流が流れにくい２つを選ぶ。

(4) **参考** 半導体は，コンピュータなどの電子部品に使われる。

2 (1) $\frac{6\,[\mathrm{V}]}{1.5\,[\mathrm{A}]} = 4\,[\Omega]$

(3)電力〔W〕＝電圧〔V〕×電流〔A〕

6〔V〕× 1.5〔A〕= 9〔W〕

(4) **ポイント** 電力量〔J〕＝電力〔W〕×時間〔s〕

４分＝240秒より，

9〔W〕× 240〔s〕= 2160〔J〕

(5) **ミス注意！** 電熱線で消費された電力量が，電熱線で発生する熱量である。

電力量〔J〕＝熱量〔J〕

(6)水１ｇを１℃上げるのに4.2Jが必要である。

水の上昇温度は

20 − 15 = 5〔℃〕より，熱量は，

4.2〔J〕× 100〔g〕× 5〔℃〕= 2100〔J〕

(7)抵抗の大きさは(1)より，4〔Ω〕なので，

$\frac{12〔V〕}{4〔Ω〕}$ = 3〔A〕

(8)12〔V〕× 3〔A〕= 36〔W〕

3 (1)3.0V の電圧をかけたときの電力が4.5W なので，流れる電流を xA とすると，

3.0〔V〕× x〔A〕= 4.5〔W〕

x = $\frac{4.5〔W〕}{3.0〔V〕}$ = 1.5〔A〕

(2)5 分 = 300秒より

4.5〔W〕× 300〔s〕= 1350〔J〕

(3)結果の表より，電力4.5W のとき，16.0℃から19.2℃に上昇している。

19.2 − 16.0 = 3.2〔℃〕

(5)(6) ポイント 電熱線から発生する熱量は，電力に比例し，電流を流す時間にも比例する。

4 (1)100V の電圧をかけたときの消費電力が400W なので，流れる電流を xA とすると，

100〔V〕× x〔A〕= 400〔W〕　x = 4〔A〕

(2)並列につながっているので，各電気器具の消費電力の合計が全体の消費電力になる。

400 + 40 + 100 + 160 = 700〔W〕

(4)電熱器では400W の電力を消費する。

2 時間 = 2 × 60 × 60 = 7200秒より，消費した電力量は，

400〔W〕× 7200〔s〕= 2880000〔J〕

(5)400〔W〕× 2〔h〕= 800〔Wh〕

(6)1000Wh = 1kWh である。よって，

800Wh = 0.8kWh

第2章　電流と磁界

p.44～p.45 ココが要点

①磁力　②磁界　③磁力線

㋐N　㋑S　㋒強い

④電流

㋓同心円

⑤磁界の向き

㋔逆

⑥電磁誘導　⑦誘導電流　⑧交流　⑨周波数

⑩ヘルツ　⑪直流

p.46～p.47 予想問題

1 (1)磁力　(2)磁界　(3)磁界の向き

(4)㋐g　㋑c　㋒f　㋓c

(5)せまくなっている。

2 (1)㋐　(2)同心円状

(3)㋐b　㋑d　㋒d　㋓d　㋔b

(4)電流の向きを逆にする。

(5)電流を大きくする。

コイルの巻数を多くする。などから1つ。

(6)多くの磁力線が集まるから。

3 ①㋑　②㋑　③㋐

4 (1)電磁誘導　(2)誘導電流

(3)ア，イ　(4)ウ，エ

5 (1)直流　(2)交流

(3)周期の回数…周波数 単位…ヘルツ (Hz)

(4)イ

解説

1 ポイント 磁力線は磁界のようすを表していて，矢印の向きは磁界の向き（磁針のN極が指す向き）と同じである。磁力線の間隔が広いほど磁界が弱く，せまいほど磁界が強い。また，磁力線どうしは途中で分かれたり交わったりすることがない。

2 (1)(2)直線になった導線に電流を流すと，導線のまわりに同心円状の磁界ができ，導線に近いところほど磁界が強くなる。磁界の向きは，電流の向きに右ねじを進ませるときの，ねじを回す向きになる。

(3) ミス注意! コイルをにぎった右手の4本の指を電流の向きに合わせたとき，親指の向きがコイルの内側の磁界の向きになる。図2では，コイルの内側の磁界の向きが右から左の向きになっている。

(4)(5)電流の向きを逆にすると，磁界の向きも逆になる。また，電流を大きくしたり，コイルの巻数を多くしたりすると，磁界を強くすることができる。コイルに鉄心を入れたときも，磁界が強くなる。

(6)導線を輪にすると，輪の内側で磁力線が集まって間隔がせまくなり，磁界が強くなる。輪を増やしてコイルにすると，さらに多くの磁力線

が集まって，磁界がさらに強くなる。

3 ポイント 磁界の中で導線に電流が流れると，導線（電流）は力を受ける。この力の向きは，電流の向きと磁石がつくる磁界の向きによって決まる。導線に流れる電流を大きくしたり，磁力を強くしたりすると，磁界から受ける力も大きくなる。

①②電流の向きまたは磁界の向きを逆にすると，コイルが受ける力の向きも逆になる。

③電流の向きと磁界の向きの両方を逆にすると，コイルの受ける力の向きはもとと同じになる。

4 (3)誘導電流の向きを逆にするには，磁石の極を逆にする，磁石の動く方向を逆にするという方法がある。磁石の極を逆にし，動く方向も逆にすると，もとと同じ向きに電流が流れる。

(4) ミス注意！ 誘導電流は，磁界が変化したときに流れる。磁石もコイルも動かさないときは，磁界が変化しないので電流が流れない。コイルの巻数を多くしたり，磁界の変化を大きくしたり（磁石を速く動かす）すると，誘導電流が大きくなる。

5 (4)発光ダイオードは決まった向きにしか電流が流れない。したがって，直流につなぐと，つなぐ向きによって点灯したままになったり，まったく点灯しなかったりするが，交流につなぐと，周期的に点滅する。

第３章　電流の正体

p.48～p.49 ココが要点

①静電気　②電子

㋐電子　㋑＋

③＋極　④電流　⑤しりぞけ合う力

⑥引き合う力

⑦放電　⑧真空放電　⑨電子線　⑩電子

㋒陰　㋓－

⑪エックス線　⑫放射線　⑬放射能

⑭放射性物質

p.50～p.51 予想問題

1 (1)イ

(2)パイプにたまっていた電子がけい光灯に移動して，けい光灯に電流が流れたから。

(3)放電

2 (1)静電気　(2)①電子　②－　③＋

(3)㋐　(4)㋑

3 (1)真空放電　(2)－極　(3)ウ　(4)イ

(5)電子線　(6)㋑　(7)㋐　(8)イ

4 (1)①放射能　②放射性物質　(2)ア，ウ

解説

1 (1)(2)ポリ塩化ビニルのパイプにためられた電子は，けい光灯を触れさせると移動し，けい光灯に電流が流れる。このとき，けい光灯が点灯する。しかし，ためられた電子がすべて流れてしまうと，けい光灯も点灯しなくなる。ためられた電子は一瞬でけい光灯を流れていくため，けい光灯が点灯するのも一瞬である。

(3) 参考 雷のいなずまも，放電のひとつである。

2 (1)(2)ちがう種類の物体どうしをこすり合わせると，物体がもつ電子の一部がもう一方の物体に移動し，静電気を帯びる。このとき，電子を受け取った物体は－の電気を，電子を失った物体は＋の電気を帯びる。

(3) ポイント 同じ種類の物体は，同じ種類の電気を帯びているので，しりぞけ合う。

(4) ポイント 異なる種類の物体は，異なる種類の電気を帯びているので，引き合う。

3 (2)電極Ａから電極Ｂに向かって飛び出した電子線が金属板に当たって影をつくっている。電子線は陰極から陽極に向かって飛び出しているので，電極Ａが－極につないだ陰極である。

(3)電極Ａと電極Ｂの極を反対にすると，電子線は電極Ｂから飛び出すので，十字形の影はできない。

(4)～(6) ポイント 電子線は陰極から出て直進し，陽極に向かう性質がある。

(7)電子線は－の電気をもっているため，＋の電気に引きつけられる。そのため，進路の上下方向に電圧をかけると，陽極の方に曲がる。

(8)電子線は－の電気をもつ電子の流れである。

4 (2)アは，放射線の物質を通りぬける性質を利用している。ウは，放射線の物質を変化させる性質を利用している。イの電磁調理器は電磁誘導の現象を利用したものである。

2－4　天気とその変化

第１章　大気の性質と雲のでき方

p.52～p.53　ココが要点

①圧力　②大気圧　③ヘクトパスカル
④１気圧
㋐蒸発　㋑降水
⑤凝結　⑥露点　⑦飽和水蒸気量
㋒10.3　㋓100　㋔6.0
⑧湿度　⑨上昇気流
㋕露点
⑩降水

p.54～p.55　予想問題

1　(1)96N　(2)A　(3)800Pa
(4)イ，ウ

2　(1)凝結　(2)露点　(3)飽和水蒸気量
(4)62％　(5)7.3g

3　(1)30g/m^3　(2)18g　(3)ウ
(4)13g　(5)エ

4　(1)水蒸気を水滴にしやすくするため。
(2)①下が　②膨張　③下が
(3)イ，ウ

解説

1　(1)9.6kgの物体にはたらく重力は，96Nである。
(2)同じ力がはたらくとき，圧力は，力がはたらく面積が小さいほど大きくなる。
(3) ミス注意！ 圧力(Pa)を求めるときは，面積の単位をm^{2}にしてから計算する。面Aの面積は，
$0.2〔m〕\times 0.6〔m〕= 0.12〔m^2〕$
なので，圧力は，
$\frac{96〔N〕}{0.12〔m^2〕} = 800〔Pa〕$
(4)力がはたらく面積が小さいほど，圧力は大きくなる。また，面を垂直に押す力が大きいほど，圧力は大きくなる。

2　(1)(2)水蒸気が冷やされて水滴に変わることを凝結といい，凝結が始まる温度を，その空気の露点という。
(4)露点が14℃なので，空気1 m^{3}当たりにふくまれる水蒸気量は12.1gである。また，温度が22℃のときの飽和水蒸気量は19.4g/m^{3}なので，湿度は，
$\frac{12.1〔g/m^3〕}{19.4〔g/m^3〕}\times 100 = 62.3\cdots$より，62％
(5)部屋の空気1 m^{3}当たりにふくまれる水蒸気量は12.1gで，飽和水蒸気量が19.4g/m^{3}なので，空気1 m^{3}当たりにさらにふくむことのできる水蒸気量は，
$19.4 - 12.1 = 7.3〔g〕$

3　(1)グラフより読み取る。
(2)30℃のときの飽和水蒸気量が30g/m^3，湿度が60％なので，空気1 m^{3}中にふくまれる水蒸気量をxg/m^{3}とすると，
$\frac{x〔g/m^3〕}{30〔g/m^3〕}\times 100 = 60$より，60％
$x = 18〔g/m^3〕$
よって，空気1 m^{3}中に18gの水蒸気がふくまれている。
(3)空気1 m^{3}中にふくまれている水蒸気量が18gのときの露点をグラフより読み取る。飽和水蒸気量が18g/m^{3}になるのは，約20℃のときである。
(4)グラフより，0℃のときの飽和水蒸気量は約5 g/m^{3}であることがわかる。空気中にふくまれている水蒸気量が18g/m^{3}であったので，水滴となるのは，
$18 - 5 = 13〔g/m^3〕$
(5)露点の高い空気ほど，多くの水蒸気をふくむ。同じ気温のときは，湿度が高いほど露点も高くなる。また，飽和水蒸気量は，気温が高いほど大きくなる。

4　(2) ポイント 空気は，気圧が下がると膨張し，温度が下がる。そのため，飽和水蒸気量をこえた分の水蒸気が水滴になり，フラスコ内がくもる。反対に，気圧が上がると圧縮され，気温が上がる。そのため，フラスコ内の水滴が水蒸気になり，くもりが消える。
(3)上昇気流が生じるのは，暖かい空気が冷たい空気の上にのり上がるとき，太陽の熱によって地表付近の空気が暖められたとき，空気が山の斜面に沿って上がるときなどである。

第2章　天気の変化

p.56〜p.57　ココが要点

①気象要素　②湿度　③等圧線　④高気圧
⑤低気圧　⑥天気図
㋐下降　㋑上昇
⑦気団　⑧前線面　⑨寒冷前線　⑩温暖前線
⑪停滞前線

p.58〜p.59　予想問題

1　(1)右図
(2)㋐
(3)1015hPa
(4)気温…14℃
湿度…78%

2　(1)1008hPa
(2)記号…C
理由…等圧線の間隔が最もせまくなっているから。
(3)㋓

3　(1)等圧線　(2)低気圧
(3)B…寒冷前線　C…温暖前線
(4)積乱雲　(5)イ　(6)ウ
(7)㋐　(8)閉塞前線

4　(1)㋐　(2)B
(3)気温が急激に下がっているから。
(4)寒冷前線　(5)イ

解説

1　(1)空をおおう雲の割合を雲量という。雲量が0〜1を快晴，2〜8を晴れ，9〜10をくもりという。図1から，このときの天気は晴れであることがわかる。風向は風がふいてくる方向なので，北西である。
(3)気圧は1010と1020の中央の値なので，1015hPa(ヘクトパスカル)である。
(4) ミス注意! 気温は乾球温度計が示す温度である。乾球温度計と湿球温度計の示す温度の差が2℃なので，湿度表の乾球温度14℃と乾球温度と湿球温度の差2℃の交わる点の値を読み取ると，78%であることがわかる。

2　(1)等圧線は1000hPaを基準に，4hPaごとに引かれている。
(2)風は，気圧の高い方から低い方へとふく。等圧線の間隔がせまいところほど，気圧の変化が急なので，強い風がふく。
(3) ポイント 北半球の低気圧では，風が反時計回りにふきこんでいる。そして，低気圧の中心付近では，ふきこんだ空気が集まって上昇気流になっている。反対に，高気圧では，風が時計回りにふき出していて，中心付近には下降気流がある。

3　(1)(2)気圧の同じ地点をなめらかにつないだ線を等圧線という。等圧線が丸く閉じていて，まわりよりも気圧が高いところを高気圧，まわりよりも気圧が低いところを低気圧という。
(3)日本付近で見られる低気圧では，東側に温暖前線，西側に寒冷前線をともなっていることが多い。
(4)寒冷前線では，寒気が暖気の下にもぐりこんで暖気を急に押し上げるため，積乱雲が発達することが多い。温暖前線では，暖気が寒気にのり上げながらゆるやかに上昇するため，乱層雲や高層雲などが生じることが多い。
(5)(6)寒冷前線では，積乱雲による大粒の雨が降り，雷や突風をともなうこともある。雲の範囲がせまいので，雨の降る時間は短い。温暖前線では乱層雲による雨が長く降り続く。降り方はおだやかである。
(7)寒冷前線は，寒気が暖気を急激に押し上げながら進み，温暖前線は，暖気が寒気の上へのり上げるようにして進む。

4　(1)気温は朝から昼にかけて上がり，夜間に下がるので，㋐が気温のグラフである。㋑は湿度を表す。気温が上がると湿度が下がる。
(2)〜(4) ポイント 13時から14時にかけて，気温の急激な低下がみられるので，このときに寒冷前線が通過したと考えられる。
(5) ポイント 寒冷前線が通過すると，大粒の雨が降り，気温が下がり，風向が急に変わる。温暖前線が通過するときは，接近中に雨が降り，通過後は雨がやみ，気温が上がる。

第３章　日本の天気

p.60～p.61　ココが要点

①偏西風　②シベリア気団
③オホーツク海気団　④小笠原気団
⑤西高東低　⑥移動性高気圧　⑦梅雨前線
⑧秋雨前線　⑨台風

p.62～p.63　予想問題

1 (1)ア　(2)偏西風　(3)大陸　(4)大陸
(5)ウ　(6)海洋　(7)イ　(8)季節風

2 (1)シベリア気団　(2)西高東低型
(3)雪（大雪）
(4)晴天（晴天で乾燥した日）

3 (1)A…エ　B…ウ
(2)A…オホーツク海気団　B…小笠原気団
(3)梅雨前線
(4)移動性高気圧と低気圧が交互に日本列島を通過するから。

4 (1)熱帯低気圧　(2)ア，ウ，カ
(3)イ
(4)偏西風の影響を受けるから。
(5)上昇気流

解説

1 (1)(2) ポイント 日本は中緯度地域に位置している。中緯度地域の上空には，偏西風という，西から東へ向かう強い風がふいている。そのため，日本付近の低気圧や高気圧は，西から東へ移動していくことが多い。
(3)大陸は，海洋に比べて暖まりやすく冷めやすい。
(4)(5)夏には，大陸の温度が海洋の温度よりも高くなる。すると，大陸上で上昇気流が起き，気圧が低くなる。海洋上では下降気流が起き，気圧が高くなる。その結果，海洋から大陸へ向かう，南東の季節風がふく。
(6)(7)冬には，大陸の温度が海洋の温度よりも低くなる。すると，大陸上で下降気流が起き，気圧が高くなる。海洋上では上昇気流が起き，気圧が低くなる。その結果，大陸から海洋へ向かう，北西の季節風がふく。
(8) 参考 季節風と同じようなしくみで，より規模の小さい風がふく。昼は海より陸が暖まりやすいので，陸上で空気は上昇し海から陸に向かって海風がふく。夜は陸が冷えやすく，陸から海に向かって陸風がふく。

2 (1)(2)冬にはシベリア高気圧が勢力を増し，大陸に高気圧，太平洋上に低気圧が発生する，西高東低型の気圧配置になる。
(3)(4) ポイント シベリア高気圧からの季節風は乾燥しているが，日本海をわたるときに水蒸気を供給されて湿り，雲を生じさせる。風が日本列島に達すると山脈に当たって上昇気流となり，積乱雲へと発達する。この雲によって，日本海側には大雪が降る。日本海側に雪を降らせて水蒸気を失った空気は，山脈をこえて太平洋側にふき下り，太平洋側に乾燥した晴れの天気をもたらす。

3 (1)(2)Aはオホーツク海気団なので，低温で湿っている。Bは小笠原気団なので，高温で湿っている。
(3)初夏にオホーツク海気団と小笠原気団の勢力がほぼつり合うと，日本列島付近に梅雨前線という停滞前線が生じる。停滞前線はあまり動かないため，雨やくもりの日が続く。
(4)図２は，春や秋に見られる天気図である。大陸上から暖かく乾燥した空気をともなう移動性高気圧が日本にやってくると，おだやかな晴天となる。しかし，低気圧が近づくと，くもりや雨となる。このように，偏西風にのって，移動性高気圧と低気圧が交互に日本列島を西から東へと通過していくため，晴れと雨がくり返されることが多い。

4 (1)(2) 参考 台風は，熱帯の海上で発生した熱帯低気圧が発達し，最大風速が17.2m/s以上になったものである。等圧線の間隔がせまいため，強い風がふく。
(3)台風は低気圧なので，反時計回りに風がふきこんでいる。
(4)台風の進路は，季節によって変化する。８月から９月に発生する台風は，熱帯地域で発生し，しだいに北上する。中緯度に達すると，上空の偏西風の影響を受けて，進路を東向きに変えながら日本に接近することが多い。

巻末特集 p.64

① (1)30Ω　(2)0.6A　(3)20Ω
(4)A：B＝2：1

解説 (1)電熱線Aに加わる電圧は12.0V，電流の大きさは0.4Aなので，オームの法則より，

抵抗〔Ω〕$=\dfrac{電圧〔V〕}{電流〔A〕}$　$\dfrac{12.0〔V〕}{0.4〔A〕}=30〔Ω〕$

(2)並列回路なので，電熱線Bに加わる電圧は，電源の電圧と等しく，12.0Vである。したがって，電熱線Bに流れる電流の大きさは，

オームの法則より，電流〔A〕$=\dfrac{電圧〔V〕}{抵抗〔Ω〕}$，

$\dfrac{12.0〔V〕}{60〔Ω〕}=0.2〔A〕$

並列回路では，各電熱線を流れる電流の和が枝分かれしていない部分の電流の大きさと等しいので，電流計㋐の示す値は，
0.4〔A〕＋0.2〔A〕＝0.6〔A〕

(3)この回路全体に流れる電流の大きさは0.6A，また，回路全体に加わる電圧は12.0Vである。

オームの法則より，抵抗〔Ω〕$=\dfrac{電圧〔V〕}{電流〔A〕}$，

$\dfrac{12.0〔V〕}{0.6〔A〕}=20〔Ω〕$

(別解) 並列回路での全体の抵抗をR，電熱線Aの抵抗をR_A，電熱線Bの抵抗をR_Bとすると，回路全体の抵抗は，次の式で表せる。

$$\frac{1}{R}=\frac{1}{R_A}+\frac{1}{R_B}$$

$R_A=30〔Ω〕$，$R_B=60〔Ω〕$を代入すると，

$$\frac{1}{R}=\frac{1}{30}+\frac{1}{60}=\frac{3}{60}=\frac{1}{20}\quad R=20〔Ω〕$$

(4)並列回路では，各電熱線に加わる電圧は，電源の電圧に等しいので，12.0Vである。電熱線Aには0.4A，電熱線Bには0.2Aの電流が流れているので，それぞれの電力は，
電熱線A：0.4〔A〕×12.0〔V〕＝4.8〔W〕
電熱線B：0.2〔A〕×12.0〔V〕＝2.4〔W〕
よって，電力の比は，A：B＝2：1

②

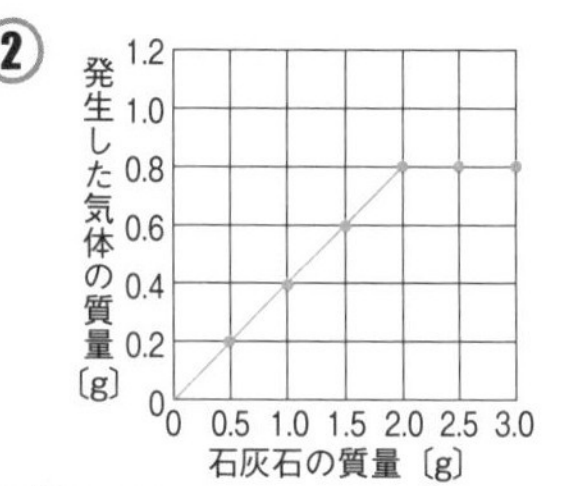

解説 石灰石とうすい塩酸を反応させると，二酸化炭素が発生する。化学変化の前後では，全体の質量は変化せず，質量保存の法則が成立するが，この実験では，ふたのない容器を使用しているため，発生した二酸化炭素が空気中に逃げた分，質量が減少する。下の表のように，反応前と反応後の質量の差 (発生した二酸化炭素の質量) を求め，これをグラフで表す。

石灰石の質量〔g〕		0.5	1.0	1.5	2.0	2.5	3.0
全体の質量〔g〕	反応前	51.5	52.0	52.5	53.0	53.5	54.0
	反応後	51.3	51.6	51.9	52.2	52.7	53.2
発生した気体の質量〔g〕		0.2	0.4	0.6	0.8	0.8	0.8

③ (1)危険からすばやく身を守ることに役立っている。
(2)湿球をおおうガーゼ (布) の部分から多くの水が蒸発するとき，より多くの熱を奪うから。
(3)家庭内の電気器具は，並列に接続されているため，同時に使用して，消費電力が大きくなると，流れる電流が大きくなるから。

解説 (1)反射は，多くの動物に生まれつき備わっている反応である。脳に刺激の信号が到達する前にすばやく起こる反応であるため，いち早く危険から身を守ることができる。
(2)湿球温度計の示度が乾球温度計よりも低くなるのは，湿球をおおう部分の水が蒸発するときに，まわりから熱を奪うためである。水が蒸発しやすいほど，つまり，湿度が低いほど，乾球温度計と湿球温度計の示度の差は大きくなる。逆に，湿度が高いほど，水は蒸発しにくくなり，示度の差は小さくなる。
(3)家庭の配線は並列回路で，各電気器具に流れる電流の和が回路に流れる電流の大きさになる。テーブルタップに上限以上の電流が流れると，発熱や発火することがあり，危険である。

6 5 4 3 2 1
D C B A

中間・期末の攻略本

テストに出る！

5分間攻略ブック

学校図書版

理科 2年

重要用語をサクッと確認

よく出る図を
まとめておさえる

赤シートを
活用しよう！

テスト前に最後のチェック！
休み時間にも使えるよ♪

「5分間攻略ブック」は取りはずして使用できます。

2－1　化学変化と原子・分子

教科書
p.14~p.73

第1章　物質のなりたちと化学変化　p.14~p.41

□ 物質そのものが変化して，ちがう種類の物質ができる変化を【化学変化】という。

□ 物質が酸素と結びつく化学変化を【酸化】という。また，この化学変化によってできた物質を【酸化物】という。

鉄の酸化

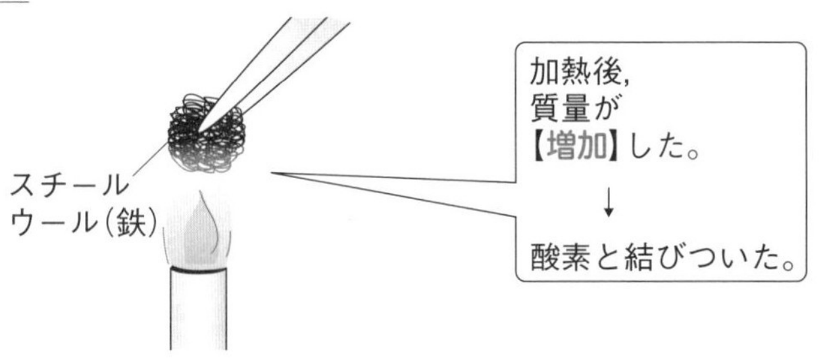

□ 物質が光や熱を出しながら激しく酸化することを【燃焼】という。

□ 物質は，それ以上分割できない【原子】という小さな粒子でできている。

・原子はそれ以上分割できない。

・原子の種類によって大きさや質量が決まっている。

・原子はほかの種類の原子に変わったり，なくなったり，新しくできたりしない。

□ 元素を表すアルファベット１文字または２文字の記号を【元素記号】という。

□ 元素を原子番号などにもとづいて整理した表を【周期表】という。

□ 物質が硫黄と結びつくことを【硫化】という。

鉄の硫化

鉄＋硫黄 ⟶【硫化鉄】

鉄の硫化

脱脂綿
スチールウール
硫黄

鉄とは【異なる】物質ができた。
鉄を●，硫黄を○とすると，
● ＋ ○ ⟶ ●○

□ １種類の原子でできている物質を【単体】といい，２種類以上の原子でできている物質を【化合物】という。

□ いくつかの原子が結びついてできた粒子を【分子】という。

□ 物質を元素記号を使って表したものを【化学式】という。

いろいろな化学式

酸素	【O_2】	水素	【H_2】
銅	【Cu】	鉄	【Fe】
二酸化炭素	【CO_2】	水	【H_2O】
塩化ナトリウム	【NaCl】	酸化銅	【CuO】

物質の分類

- 物質
  - 【混合物】 空気など
  - 純粋な物質
    - 【単体】 水素，銅など
    - 【化合物】 水，塩化ナトリウムなど

注目 純粋な物質は，分子からできている物質と，分子のまとまりがない物質に分けることもできる。

□ Ⅰ種類の物質から何種類かのちがう物質ができる化学変化を【分解】という。

□ 電流を流して物質を分解することを【電気分解】という。

水の電気分解

【水】→【水素】＋酸素

・陰極側…【水素】がたまる。マッチの炎を近づけると，音を立てて燃える。

・陽極側…【酸素】がたまる。火のついた線香を入れると，炎を上げて燃える。

注目 陰極側にたまった水素と陽極側にたまった酸素の体積の比は，水素：酸素＝2：Ⅰになる。

水の電気分解

□ 物質を加熱したときに起こる分解を【熱分解】という。

炭酸水素ナトリウムの熱分解

炭酸水素ナトリウム → 炭酸ナトリウム＋【二酸化炭素】＋【水】

炭酸水素ナトリウムの熱分解

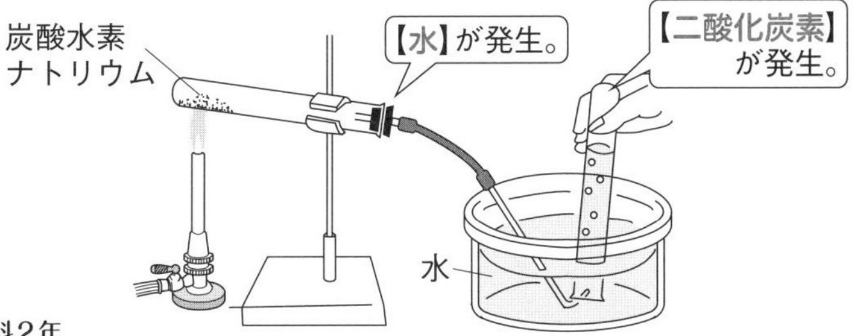

第2章　化学変化と物質の質量　p.42~p.57

□ 化学変化の前後において, 物質全体の質量が変わらないことを【質量保存の法則】という。

沈殿ができる化学変化

硫酸ナトリウム＋塩化バリウム ─▶ 硫酸バリウム＋塩化ナトリウム

注目　白い沈殿ができる。

沈殿ができる化学変化

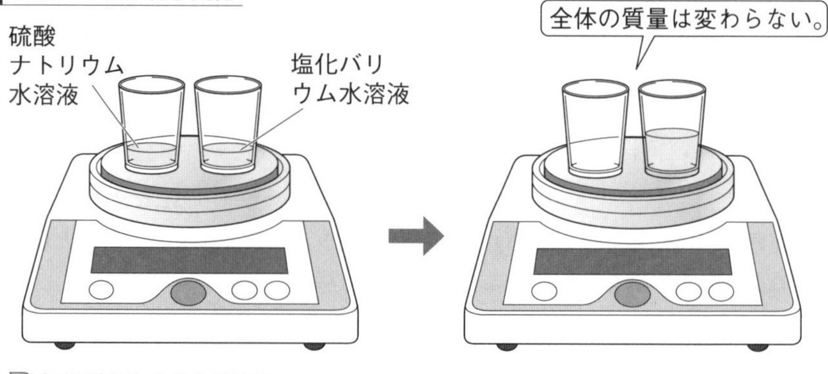

気体が発生する化学変化

炭酸カルシウム（石灰石）＋塩酸 ─▶ 塩化カルシウム＋二酸化炭素＋水

注目　ふたをゆるめると気体が外に出ていき，その分全体の質量が減る。

気体が発生する化学変化

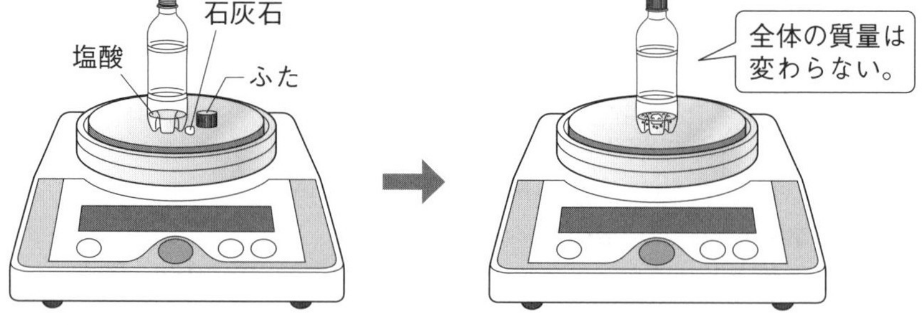

□ 化学変化のようすを化学式で表した式を【化学反応式】という。反応の前後で,【原子】の種類と数は同じになる。

注目　化学式は物質を表したもの，化学反応式は化学式と矢印で化学変化を表したもの。

鉄の硫化の化学反応式

Fe　+　S　─▶　FeS

水の電気分解の化学反応式

$2H_2O \longrightarrow 2H_2 + O_2$

銅の酸化の化学反応式

$2Cu + O_2 \longrightarrow 2CuO$

□ 2種類の物質が結びつくとき，それぞれの物質の質量の比は【一定】になる。

例 銅：酸素＝4：1，マグネシウム：酸素＝3：2

金属の質量と結びついた酸素の質量

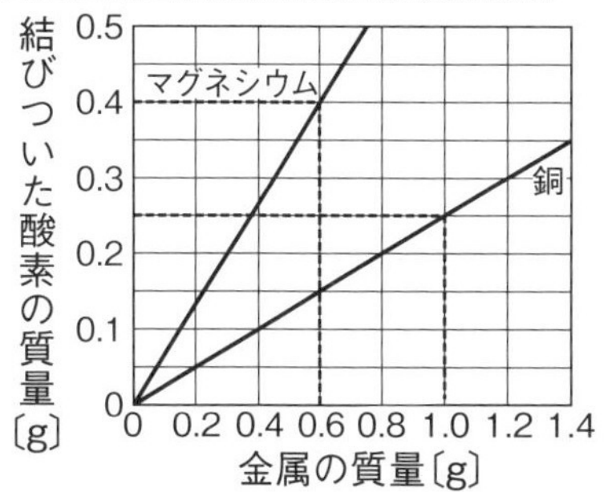

銅の質量：
酸素の質量
＝1.0：0.25＝4：1

マグネシウムの質量：
酸素の質量
＝0.6：0.4＝3：2

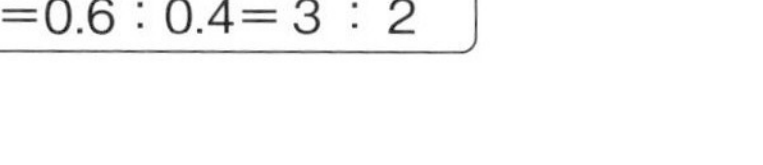

第3章　化学変化の利用　p.58~p.73

□ 酸化物から酸素を取り除く化学変化を【還元】という。

注目 還元は酸化と同時に起こる。

□ 酸化銅の粉末と炭素粉末の混合物を加熱すると，酸化銅は炭素によって【還元】されて【銅】になる。一方，炭素は酸化銅から取り除いた酸素によって【酸化】されて【二酸化炭素】になる。

酸化銅の還元

酸化銅 ＋ 炭素 ⟶ 銅 ＋ 二酸化炭素

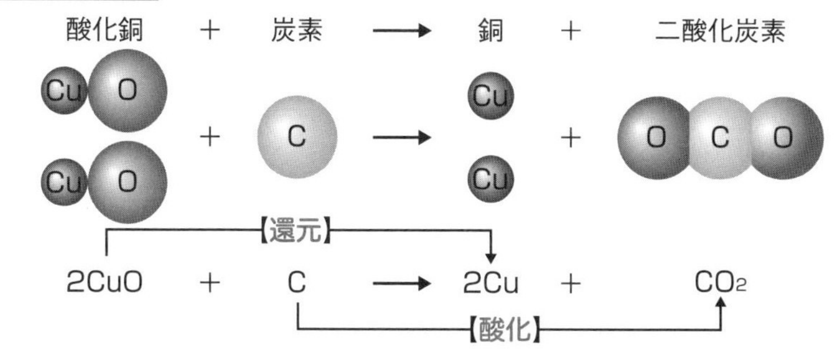

【還元】

$2CuO + C \longrightarrow 2Cu + CO_2$

【酸化】

□ 化学変化が起こるときに，熱を外部に放出して温度が上がる反応を【発熱反応】という。

□ 化学変化が起こるときに，外部から熱を吸収して温度が下がる反応を【吸熱反応】という。

2－2　動植物の生きるしくみ

教科書 p.74~p.143

第1章　生物のからだと細胞　p.74~p.87

□ 細胞にある, 酢酸カーミン液や【酢酸オルセイン液】などの染色液によく染まる, 丸いつくりを【核】という。

□ 細胞質の最も外側にある, 膜状の部分を【細胞膜】という。

□ 植物の細胞では, 細胞膜の外側に【細胞壁】がある。また, 細胞膜の内側には緑色の【葉緑体】があり, 袋状の【液胞】が見られることもある。

□ 細胞の中で, 核と細胞壁以外の部分をまとめて【細胞質】という。

細胞のつくり

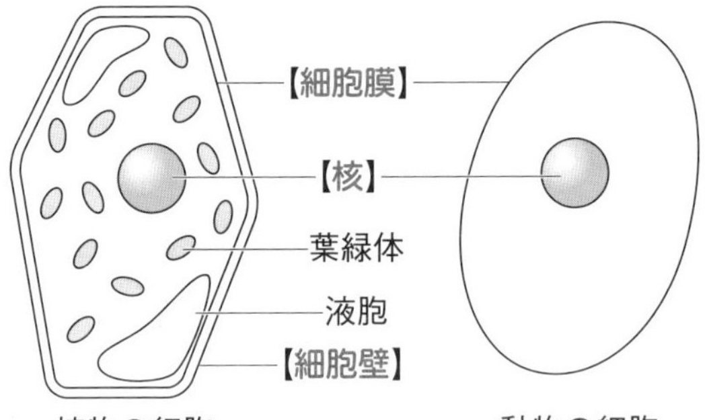

□ からだが1個の細胞からできている生物を【単細胞生物】, 多くの細胞からできている生物を【多細胞生物】という。

□ 多細胞生物の細胞は, はたらきが同じものが集まって【組織】をつくり, いくつかの組織が集まって特定のはたらきをもつ【器官】となる。そして, いくつかの器官が集まって個体がつくられる。

第2章　植物のつくりとはたらき　p.88~p.107

茎のようす

ホウセンカ　【維管束】　【道管】　【師管】

トウモロコシ　【維管束】　【道管】　【師管】

□ 植物の根の先端近くの毛のような細い突起を【根毛】という。

□ 根から吸収した水が通る管を【道管】，葉でつくられた養分が通る管を【師管】といい，これらの束を【維管束】という。

葉のつくり

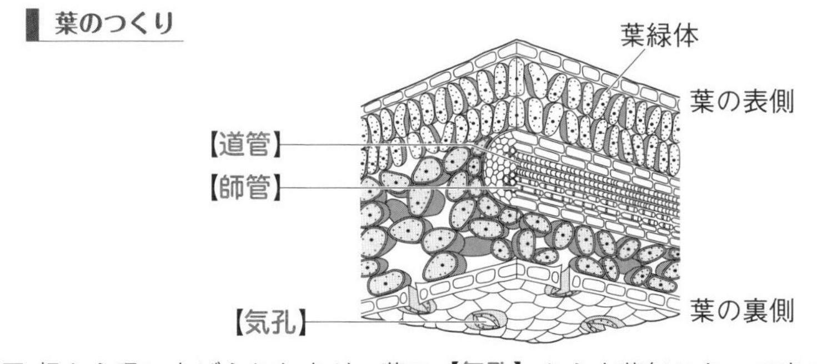

□ 根から吸い上げられた水が，葉の【気孔】から水蒸気になって出ていくことを【蒸散】という。　まる暗記 気孔は葉の裏側に多い。

□ 植物が光を利用して【デンプン】などの養分をつくり出すはたらきを【光合成】という。これは細胞の【葉緑体】で行われる。

光合成

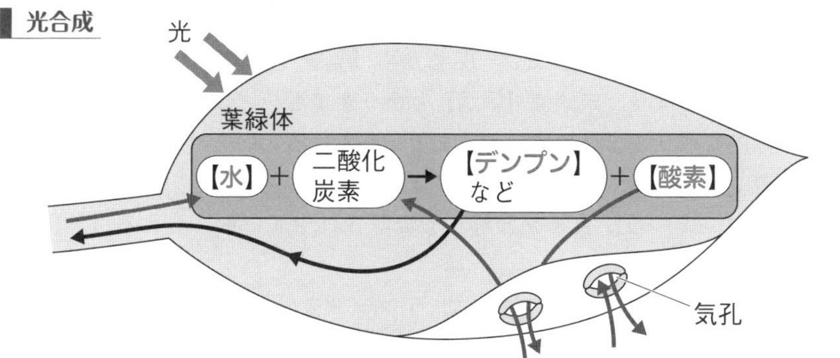

□ 植物も，動物と同じように【呼吸】によって空気中の【酸素】を取り入れて，【二酸化炭素】を出している。　注目 昼も夜も呼吸している。

呼吸と光合成

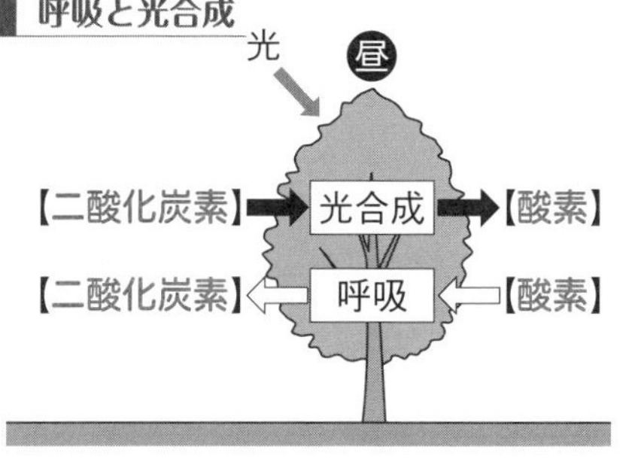

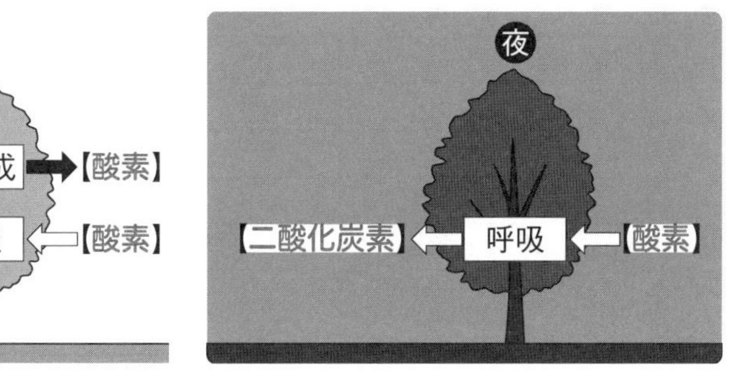

第3章　動物のつくりとはたらき

p.108~p.143

□ 血液を送り出すポンプとしてのはたらきをもつ器官を【心臓】という。

□ 血管のうち，心臓から送り出された血液が通る血管を【動脈】，心臓にもどる血液が通る血管を【静脈】という。

注目 動脈と静脈は，毛細血管でつながっている。静脈は動脈よりも壁がうすく，逆流を防ぐ弁がある。

ヒトの心臓のつくり

□ 酸素を多くふくむ血液を【動脈血】，二酸化炭素を多くふくむ血液を【静脈血】という。

□ 心臓から肺以外の全身をめぐって心臓にもどる血液の流れを【体循環】といい，心臓から肺をめぐって心臓にもどる血液の流れを【肺循環】という。

□ 酸素を体内に取り入れ，二酸化炭素を体外に排出することを【呼吸（外呼吸）】といい，肺で酸素と二酸化炭素の交換が行われる。

□ 鼻や口から吸いこまれた空気は，気管から【気管支】をへて肺に入る。気管支はしだいに細くなり，末端は【肺胞】というとても小さな袋になっている。

□ 食物が体内に取りこまれやすい形にまで分解されることを【消化】という。

□ 口，食道，胃，小腸，大腸，肛門とつながる食物の通り道を，【消化管】という。

□ 消化液には，ふつう，食物を分解して吸収されやすい形に変える【消化酵素】がふくまれている。

□ だ液にふくまれる【アミラーゼ】は，デンプンを分解する。また，胃液にふくまれる【ペプシン】は，タンパク質を分解する。

□ 【胆汁】には消化酵素はふくまれていないが，脂肪の消化を助けるはたらきがある。

消化のしくみ

	デンプン	タンパク質	脂肪
だ液中のアミラーゼ	○		
胃液中のペプシン		○	
胆汁			○
すい液中の消化酵素	○	○	○
小腸の壁の消化酵素	○	○	
分解されてできる物質	ブドウ糖	アミノ酸	脂肪酸とモノグリセリド

□ 消化されたものの多くは小腸の壁にたくさんある【柔毛】から取りこまれ，中にある毛細血管やリンパ管に吸収される。

□ 血液の成分には，固形の【赤血球】・白血球・血小板と，液体の【血しょう】がある。

□ 赤血球には，【ヘモグロビン】という赤い物質がふくまれ，酸素を運ぶはたらきをしている。

□ 血しょうの一部は毛細血管からしみ出し，【組織液】となって細胞のすき間を満たしている。

□ 体内にできたアンモニアは，【肝臓】で尿素に変えられ，ほかの不要な物質とともに【腎臓】で血液からこしとられ，【尿】として【ぼうこう】にためられてから排出される。

注目 アンモニア→有毒
尿素→無毒

ヒトの腎臓

静脈
動脈
【腎臓】
輸尿管
【ぼうこう】

□ からだの骨はたがいに合わさって【骨格】をつくっている。骨と骨とのつなぎ目で，動かすとき曲がる部分を【関節】という。

□ 骨につく筋肉の両端は，【けん】というつくりになっていて，関節をまたいで別の骨についている。

□ 周囲からの刺激を受け取る器官を【感覚器官】という。

目のつくり

こうさい
神経
【レンズ】
網膜

□ 脳や脊ずいを【中枢】神経という。

□ 中枢神経から枝分かれしている神経を，【末しょう】神経という。

□ 末しょう神経は，感覚器官から中枢神経に信号を伝える【感覚】神経と，中枢神経から運動器官に命令を伝える【運動】神経に分けられる。

□ 刺激に対して，意識とは無関係に起こる決まった反応を，【反射】という。

2－3　電流とそのはたらき

教科書 p.144~p.217

第1章　電流と電圧　p.144~p.181

□ 電流が流れる道すじを【回路（電気回路）】という。

□ 電気用図記号で回路を表したものを【回路図】という。

電気用図記号

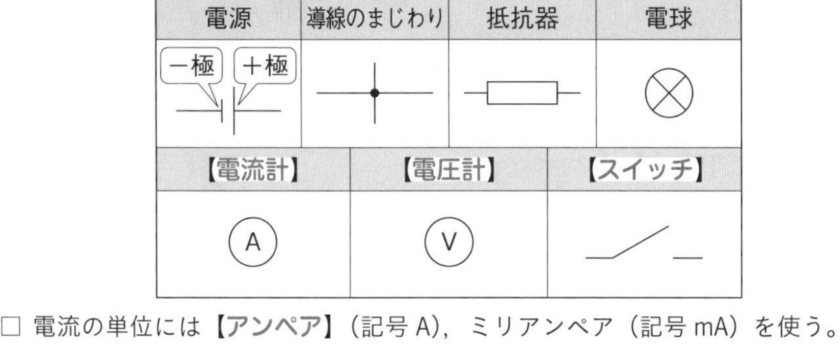

電源	導線のまじわり	抵抗器	電球
－極　＋極			

【電流計】	【電圧計】	【スイッチ】
A	V	

□ 電流の単位には【アンペア】（記号 A），ミリアンペア（記号 mA）を使う。

注目　1 A ＝ 1000mA

□ 枝分かれしないでつながっている回路を【直列回路】，枝分かれしてつながっている回路を【並列回路】という。

直列回路・並列回路に流れる電流

$I_1 = I_2$【＝】I_3　　$I_1 = I_2$【＋】I_3【＝】I_4

□ 回路に電流を流そうとするはたらきを【電圧】といい，単位には【ボルト】（記号 V）を使う。

直列回路・並列回路にかかる電圧

$V = V_1$【＋】V_2　　$V = V_1$【＝】V_2

□ 電流の流れにくさを【**電気抵抗（抵抗）**】といい，単位には【**オーム**】（記号Ω）を使う。

□ 電圧 V，電流 I，抵抗 R の関係は以下のように表すことができる。この法則を【**オームの法則**】という。

電圧〔V〕=【抵抗〔Ω〕】×電流〔A〕　$V = R \times I$

電流〔A〕= $\dfrac{【電圧〔V〕】}{【抵抗〔Ω〕】}$　$I = \dfrac{V}{R}$，　抵抗〔Ω〕= $\dfrac{【電圧〔V〕】}{【電流〔A〕】}$　$R = \dfrac{V}{I}$

直列回路・並列回路の抵抗

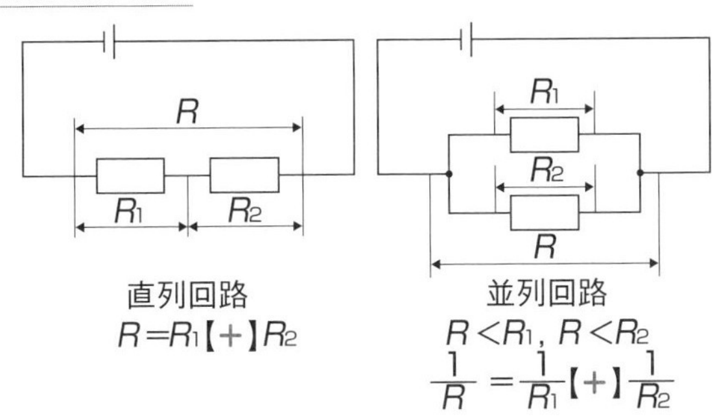

□ 抵抗が小さく，電流が流れやすい物質を【**導体**】という。

□ 抵抗が大きく，電流が流れにくい物質を【**不導体（絶縁体）**】という。

□ 1秒間当たりに消費される電気エネルギーの大きさを【**電力**】といい，単位には【**ワット**】（記号W）を使う。

電力〔W〕＝【**電圧**】〔V〕×【**電流**】〔A〕

□ 電熱線などに電流を流したときに発生する熱の量を【**熱量**】という。

熱量〔J〕＝【**電力**】〔W〕×【**時間**】〔s〕

□ 電力と時間の積で表される，消費された電気エネルギーの総量を【**電力量**】という。

電力量〔J〕＝【**電力**】〔W〕×【**時間**】〔s〕

注目 電力量の単位には，【**ワット時**】（記号Wh）やキロワット時（記号kWh）も使われる。

第2章　電流と磁界　p.182~p.203

□ 磁石による力を【**磁力**】という。

□ 磁力がはたらく空間には【**磁界**】があるといい，磁針のN極が指す向きを【**磁界の向き**】，磁界のようすを表した曲線を【**磁力線**】という。

□ 磁力線の間隔がせまいところほど，磁界が【**強い**】。

注目 磁力線は，途中で交わったり，分かれたりしない。

磁石のまわりの磁界

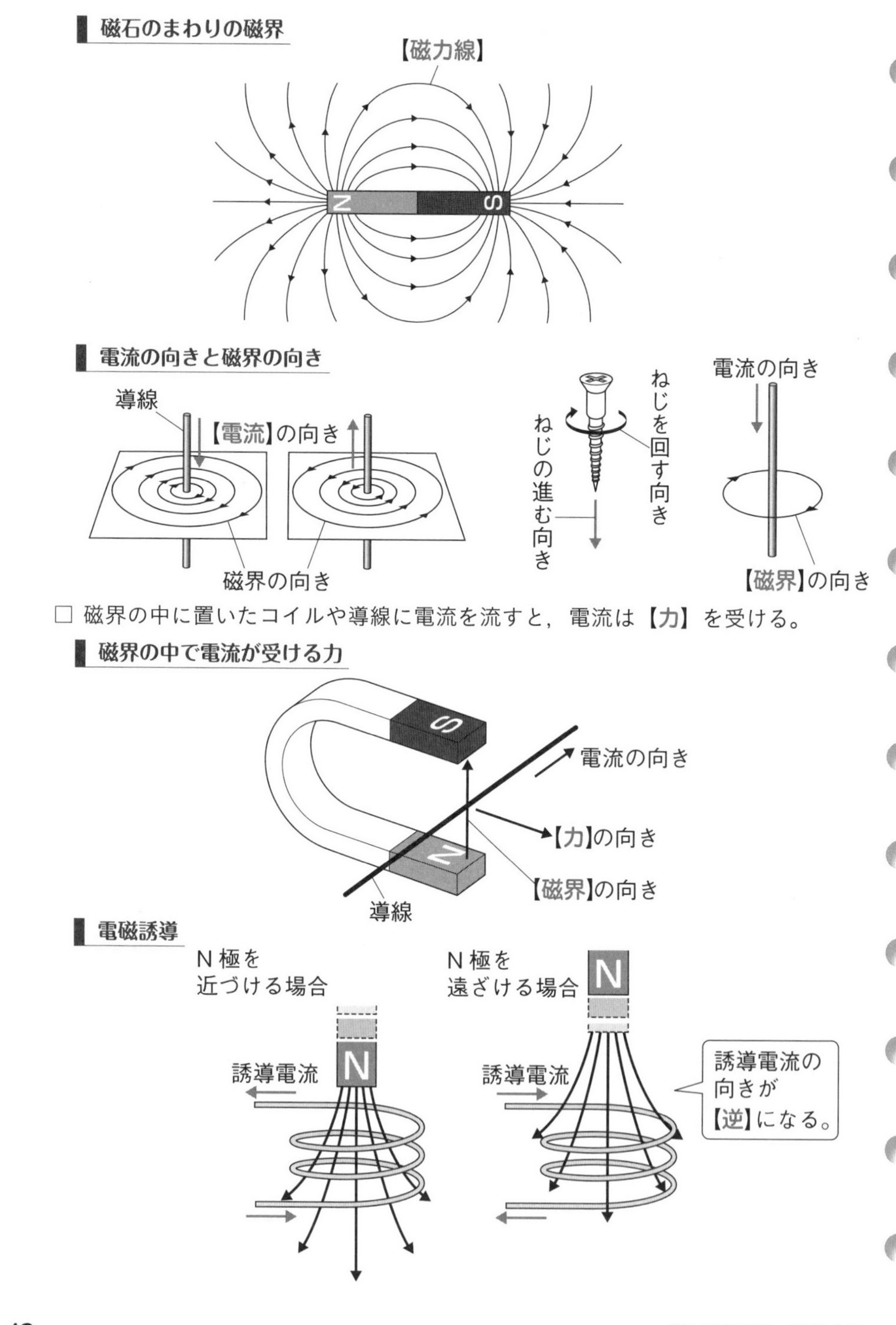

電流の向きと磁界の向き

□ 磁界の中に置いたコイルや導線に電流を流すと，電流は【力】を受ける。

磁界の中で電流が受ける力

電磁誘導

□ コイルの中の磁界が変化すると，コイルに電流を流そうとする電圧が生じる。この現象を【電磁誘導】といい，流れる電流を【誘導電流】という。

□ 周期的に向きが変わる電流を【交流】，向きが常に一定の電流を【直流】という。

□ 交流で，1秒間当たりの周期の回数を【周波数】という。単位には【ヘルツ】（記号 Hz）を使う。

オシロスコープで調べた電流のようす

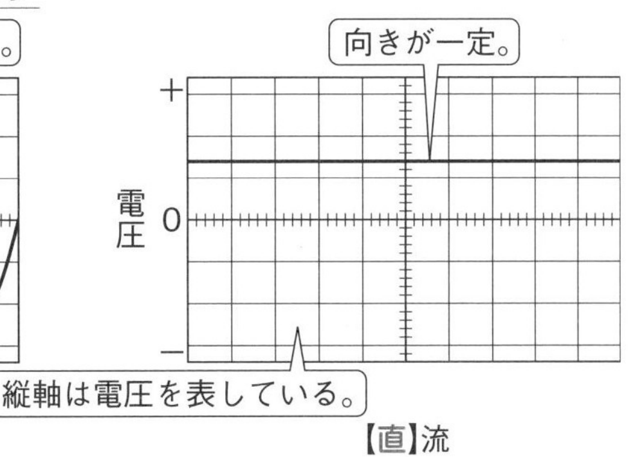

第3章　電流の正体　p.204~p.217

□ 2種類の物体をこすり合わせたとき，物体が帯びる電気を【静電気】という。

□ 物質は－の電気を帯びた粒子をもっており，これを【電子】という。

□ 回路に電流が流れるとき，電子が【－】極から【＋】極へ移動する。これは，電流の向きと【逆】である。

□ たまっていた電気が流れ出したり，電流が空間を流れたりする現象を【放電】といい，気体の圧力を低くした空間を電流が流れる現象を【真空放電】という。

□ クルックス管と誘導コイルを使って見ることができる，陰極から陽極へと向かう電子の流れを【電子線】という。

電子の流れ

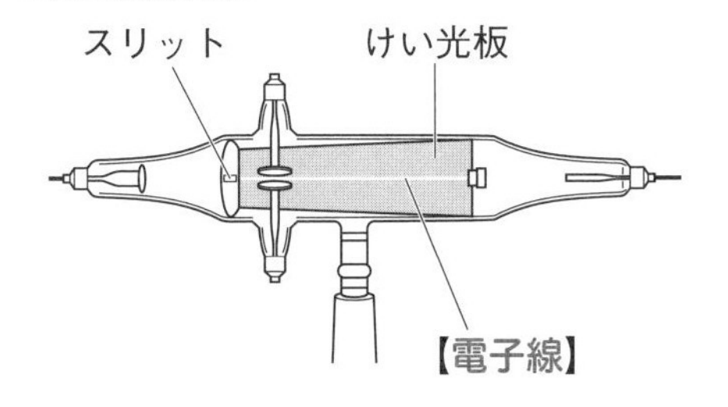

□ 電子線やエックス線などを【放射線】といい，放射線を出す物質を【放射性物質】という。また，物質が放射線を出す能力を【放射能】という。

2－4　天気とその変化

教科書
p.218~p.275

第1章　大気の性質と雲のでき方　p.218~p.241

□ 単位面積当たりの面を垂直に押す力の大きさを【**圧力**】といい，その単位には【**パスカル**】（記号 Pa）を使う。大気が面を押す作用を【**大気圧（気圧）**】という。

$$圧力〔Pa〕=\frac{面を垂直に押す力〔N〕}{力がはたらく【面積】〔m^2〕}$$

まる暗記 大気圧は，ふつうヘクトパスカル（記号hPa）で表す。

□ 空気中の水蒸気が冷やされて水滴に変わることを【**凝結**】といい，水蒸気が水滴に変わり始めるときの温度を【**露点**】という。

□ 空気が水蒸気で飽和しているときの水蒸気量を【**飽和水蒸気量**】という。

温度と飽和水蒸気量の関係

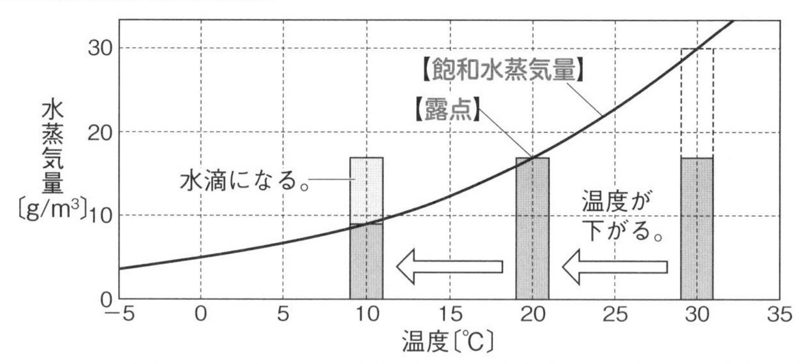

□ ある温度の空気にふくまれる水蒸気量が，飽和水蒸気量の何％になるかを表した値を【**湿度**】という。

$$湿度〔\%〕=\frac{空気1m^3にふくまれる実際の水蒸気量〔g/m^3〕}{その温度での【飽和水蒸気量】〔g/m^3〕}\times 100$$

雲をつくるモデル実験

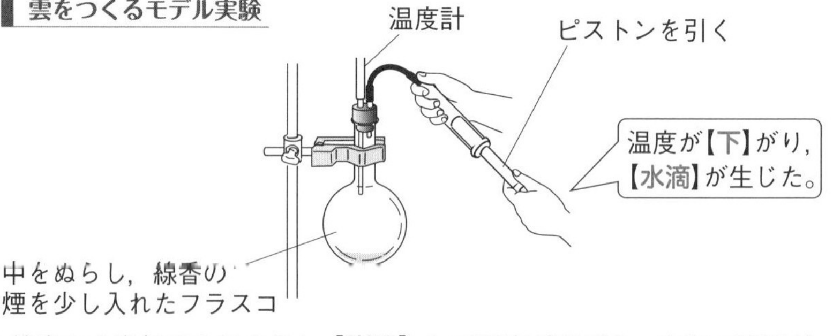

□ 地表から空気が上昇すると【**膨張**】して温度が下がる。空気の温度が，【**露点**】以下になると，水滴が生じ，雲ができる。

第2章　天気の変化　p.242~p.253

□ 空全体を10としたときの空をおおう雲の割合を【雲量】といい，0，1を【快晴】，2～8を晴れ，9，10をくもりという。

天気記号

天気	記号
【快晴】	○
【晴れ】	⦶
くもり	◎
【雨】	●
雷	◒
雪	⊗

天気，風向，風力の表し方

まる暗記 風向は，風がふいてくる方向。

□ 気圧の値の同じ地点を結んだなめらかな曲線を【等圧線】という。

□ 等圧線が丸く閉じていて，中心の気圧がまわりより高いところを【高気圧】，低いところを【低気圧】という。

□ 気温や湿度が一様な，大規模な空気のかたまりを【気団】という。寒気団と暖気団が接しているところには，前線面や前線ができる。

□ 寒気が暖気の下にもぐりこみ，暖気を押し上げながら進む前線を【寒冷前線】という。寒冷前線付近では，【積乱】雲による大粒の雨が【短】い時間降る。寒冷前線が通過するとき，気温は急激に【下】がり，風向が急に変わる。

□ 暖気が寒気の上にのり上げ，寒気を押しやりながら進む前線を【温暖前線】という。温暖前線付近では，【乱層】雲や高層雲などが生じ，おだやかな雨が【長】い時間降る。温暖前線通過が通過するとき，気温は【上】がる。また，天気が回復する。

□ ほぼ同じ勢力の寒気と暖気がぶつかり合い，あまり動かない前線を【停滞前線】という。

□ 寒冷前線は温暖前線よりも進む速さが速く，やがて温暖前線に追いつく。このようにしてできる前線を【閉塞前線】という。

前線を表す記号

【寒冷】前線

【停滞】前線

【温暖】前線

【閉塞】前線

前線のようす

【寒冷】前線

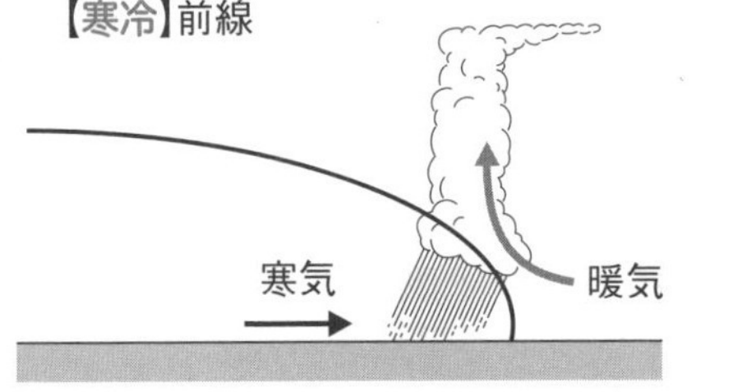

【温暖】前線

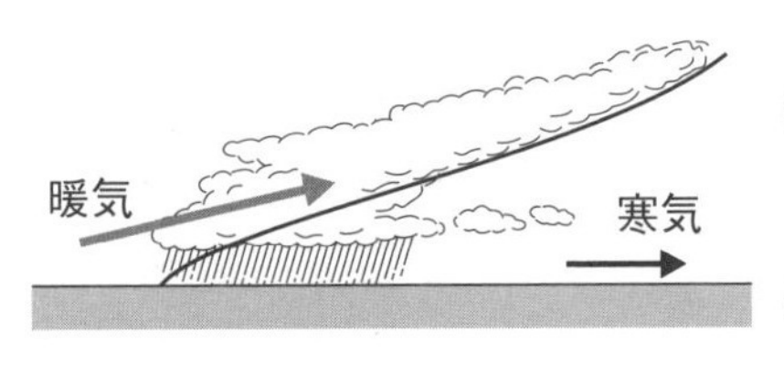

第3章　日本の天気　p.254~p.275

□ 中緯度地域の上空で西から東に向かってふく強い風を【偏西風】という。

□ 日本周辺では，季節によってシベリア高気圧，【オホーツク海】高気圧，太平洋高気圧が発達する。

□ 大陸と海洋の暖まり方のちがいによって生じる，季節ごとに決まってふく風を【季節風】という。

まる暗記 日本付近では，冬は北西，夏は南東からの季節風がふくことが多い。

□ 昼間，海から陸に向かってふく風を【海風】，夜，陸から海に向かってふく風を【陸風】という。　注目 海よりも陸のほうが，暖まりやすく冷めやすい。

□ 冬には大陸上で【シベリア】高気圧が発達し，【西高東低型】の気圧配置になる。日本海側に大雪が降り，太平洋側は晴天で乾燥した日が多くなる。

□ 春と秋には，【移動性高気圧】と低気圧が交互に日本を通過していく。

□ 初夏に日本列島付近に停滞前線が生じ，雨やくもりの日が多くなる時期を【梅雨】という。この時期にできる停滞前線を【梅雨前線】という。

梅雨の天気図

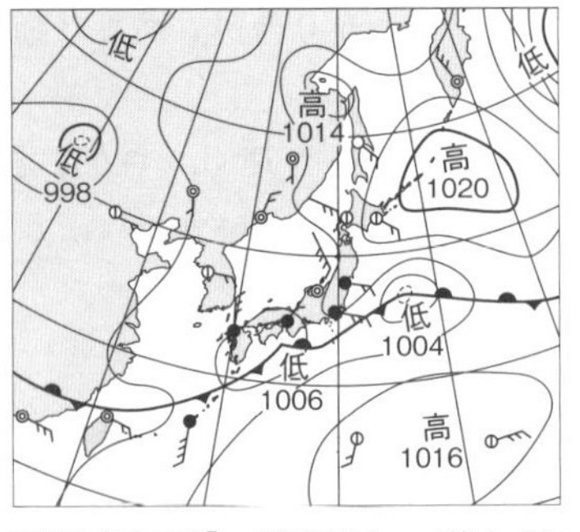

□ 夏には太平洋上で【太平洋高気圧】が発達し，蒸し暑い日が多くなる。

□ 秋のはじめに日本列島付近にできる停滞前線を【秋雨前線】という。

□ 熱帯低気圧のうち，最大風速が【17.2】m/sをこえたものを【台風】という。